河北省高等教育教学改革研究与实践项目"数字……
政的探索与实践-以电路分析基础为例"（2025G……
河北省省线上线下混合式一流课程项目"电路分析基础"（KC-2020-003-3）

以学生为中心的

电类基础课程教学改革

徐利娜·著

河海大学出版社
HOHAI UNIVERSITY PRESS
·南京·

图书在版编目（CIP）数据

以学生为中心的电类基础课程教学改革 / 徐利娜著.
南京：河海大学出版社，2025.5. -- ISBN 978-7-5630-9724-1

Ⅰ．O441.1

中国国家版本馆CIP数据核字第20259SY491号

书　　名／以学生为中心的电类基础课程教学改革
　　　　　　YI XUESHENG WEI ZHONGXIN DE DIANLEI JICHU
　　　　　　KECHENG JIAOXUE GAIGE
书　　号／ISBN 978-7-5630-9724-1
选题策划／未来趋势
责任编辑／彭志诚
文字编辑／孙梦凡
特约校对／黎　红
装帧设计／未来趋势
出版发行／河海大学出版社
地　　址／南京市西康路1号（邮编：210098）
电　　话／（025）83737852（总编室）
　　　　　／（025）83722833（营销部）
经　　销／全国新华书店
印　　刷／三河市元兴印务有限公司
开　　本／710毫米×1000毫米　1/16
印　　张／9.5
字　　数／155千字
版　　次／2025年5月第1版
印　　次／2025年5月第1次印刷
定　　价／79.80元

前　言

　　如果你属于下面几类人群，我相信你选择本书是正确的。

　　本书的首要读者是新时代的高校教师，尤其是电类专业课教师。本书结合不同类型的电类课程特点介绍了几种以学生为中心的教与学的教学模式，例如偏理论的电路分析基础课程，理论与实践并重的单片机原理及接口技术课程，几乎不涉及软件的电子系统设计课程，软件和硬件都涉及的综合类课程，即电子技术综合实训。针对课程的重点不同，采用不同的教学模式，可以使高校的基础课、核心课找回在学生心目中原有的地位，借助现代化信息技术实现课程教学目标。

　　其次，本书对高校管理者也有较大的参考价值。本书介绍了以学生为中心的教学改革是如何在一所应用型本科院校落地的，可以帮助高校管理者了解应用型本科院校在实施相关教学改革时面临的困境，能够为高校管理者提供可行的实施方案。

　　最后，本书对那些关心我国高等教育的人士也有一定的借鉴意义。本书提出了以学生为中心，利用现代信息技术，结合线上平台教学资源，借助翻转课堂和PBL教学法等教学方法在我国应用型高校教育领域中的教与学的现代化应用模式，是一种务实探索，能为国内同类型高校提供借鉴。

　　当世界转型发展之风席卷全国之时，创新成为我国当今时代的主题词。国内高校的电类教学正处于这个转型发展的十字路口。为支撑社会转型发展培养对路的高水平应用型工科人才成为应用型本科院校电类专业在新的转型发展时代的新使命。

　　本书选取公办应用型本科电类专业的5门不同特点的课程作为教学改革的研究样本，其中电路分析基础为实践环节较少、偏重理论的基础课程，单片机原理与接口技术为实践环节较重的基础课程，电子系统设计为纯硬件实践课程，EDA技术与应用为硬件与软件并重的实践课，电子技术综合实训属于综合类的基础课。通过分析、实践五种不同类型课程在课程特点、学生特点、教学方法、教学组织与教师改革实践五个维度上的不同表现，对不同类型课程的教学改革进行了反思，探索总结推进与推广教学改革的策略。

本书共分为7章。第一章为"新时代背景下教学改革理念"，带领读者初步了解新时代高教教学改革的中心理念；第二章至第六章为本书的主要内容，主要介绍五门不同特点课程在新时代背景下进行的"以学生为中心"的改革过程；第七章为"数字化背景下高校课程教学转型探索"，主要是展望一下智慧教学概念对高校课程教学带来的影响。

本书选用了应用型本科院校电类专业五种不同类型的课程的改革过程，有一定的典型示范作用，能为国内一些同类型应用型本科院校的相关课程提供一些课程改革的借鉴。

本书由北华航天工业学院的徐利娜老师撰写，鉴于作者水平有限，书中难免存在一些表达欠妥之处，希望广大读者朋友和专家学者提出修改和完善建议。

目 录

第1章　新时代背景下教学改革理念 …………………………………001
　1.1 新时代背景下高校课程教学理念 …………………………………001
　1.2 新时代背景下应用型本科院校的转型发展 ………………………002

第2章　电路分析基础课程教学改革 …………………………………004
　2.1 电路分析基础课程教学改革背景介绍 ……………………………004
　2.2 电路分析基础混合式教学模式设计原则 …………………………004
　2.3 电路分析基础混合式教学改革 ……………………………………009
　2.4 以学生为中心的电路分析基础混合式教学改革 …………………026
　2.5 电路分析基础混合式教学改革案例 ………………………………031
　2.6 电路分析基础混合式教学反思与推广 ……………………………042

第3章　单片机原理及接口技术教学改革 ……………………………046
　3.1 单片机原理及接口技术课程教学改革的相关理念 ………………046
　3.2 单片机原理与接口技术教学现状及问题分析 ……………………049
　3.3 单片机原理与接口技术教学改革策略 ……………………………053
　3.4 单片机原理与接口技术教学改革实践 ……………………………068
　3.5 单片机原理与接口技术教学改革反思与推广 ……………………074

第4章　电子系统设计课程教学改革 …………………………………076
　4.1 电子系统设计课程教学改革的相关理念 …………………………076
　4.2 电子系统设计课程教学现状及问题分析 …………………………077
　4.3 电子系统设计课程教学改革策略 …………………………………079
　4.4 电子系统设计课程教学改革实践 …………………………………081
　4.5 电子系统设计课程教学改革反思与推广 …………………………100

第 5 章　EDA 技术与实训课程教学改革 ……………………………101
5.1 EDA 技术与实训课程教学改革的相关背景 ………………101
5.2 EDA 技术与实训课程教学现状调查 ………………………105
5.3 EDA 技术与实训课程教学改革策略 ………………………106
5.4 EDA 技术与实训课程教学案例 ……………………………112
5.5 EDA 技术与实训课程教学改革反思与推广 ………………120

第 6 章　电子技术综合实训课程教学改革 ………………………122
6.1 电子技术综合实训课程教学改革的相关背景 ……………122
6.2 电子技术综合实训课程教学现状调查 ……………………122
6.3 电子技术综合实训课程教学改革策略 ……………………123
6.4 电子技术综合实训课程教学改革实践 ……………………126
6.5 电子技术综合实训课程教学改革反思与推广 ……………134

第 7 章　数字化背景下高校课程教学转型探索 …………………138
7.1 高等教育教学数字化转型的实践路径探索 ………………138
7.2 数字化背景下电类课程建设的探索 ………………………141

参考文献 ……………………………………………………………143

第 1 章 新时代背景下教学改革理念

1.1 新时代背景下高校课程教学理念

1.1.1 "以学生为中心"的教学理念

为国家培养建设中国式现代化所需要的科技人才是我国高等教育的重要使命。为了更好地引导我国高等学校构建高质量人才培养体系,教育部提出了"学生中心、产出导向、持续改进"的教育理念,要求高等学校要推进"以学生为中心"的课堂教学改革。

"以学生为中心"的概念自提出以来越来越多地在国内高校的教学改革实践中被提及。在"以学生为中心"的相关研究中,"以学生为中心"的概念在高校的教学改革实践中产生了变革性作用,尤其在高校的课堂教学改革之中起到了有效的作用。高校以培养全面发展的人才作为目标,承担着育人的重要使命。为培养合格的建设者和可靠的接班人,在高等教育中贯彻"以学生为中心"的教育理念已成为必然选择。然而,多数国内高校在面对"以学生为中心"教学改革时仍然面临不足之处。例如,侧重于知识灌输而忽略能力培养的现象依然存在;不知如何在自己的教学过程中进行"以学生为中心"教学;无法科学地判断"以学生为中心"教学改革在本土实践中的可行性和有效性;误以为使用新方法就是实施了"以学生为中心"教学,实则没有做到"以学生为中心";一味追求"以学生为中心"的教学模式,不分情境、不顾目标和不加选择地使用新颖的教学方法等。

应用型本科院校是高校中一种以本科教育为主,重在"应用",以培养应用技术型人才为目标、以服务地方经济发展为宗旨的一种新型高校。应用型本科院校重视学生专业应用能力，是国内高校中进行"以学生为中心"新型教学改革理念的关键环节。应用型本科院校作为培养高素质、高技能人才的阵地，其高质量发展对促进我国经济发展和产业升级具有不可替代的重要作用。新时代的发展要求应用型本科院校在教学改革上紧跟时代需求的步伐，加快推进切实可行的以学生为中心的教学策略，更好地贯彻和落实学校发展的目标，适应企业需求和社会发展。

本研究正是在此背景下开展的针对性研究，期望本研究对我国应用型本科高校课堂教学改革提供一定的借鉴。

1.1.2 混合式教学

2018 年 6 月 21 日，教育部召开新时代全国高等学校本科教育工作会议。同年 8 月，教育部发布了《关于狠抓新时代全国高等学校本科教育工作会议精神落实的通知》，明确提出各高校要全面梳理各门课程的教学内容，淘汰"水课"、打造"金课"，混合式教学模式在"金课"建设过程中被明确提出。混合式教学也叫混合式学习，混合式教学的最大特点是看似各自独立的线上学习和线下学习其实是相互联系，共同为一门课程组成了一个完整的架构。混合式教学能够把传统学习方式的优势和在线教育的优势结合起来，既能发挥教师的引导、启发的主导作用，又能体现学生作为学习主体的积极性、主动性和创造性，是目前高校课程教学改革中比较流行的一种改革理念。

1.2 新时代背景下应用型本科院校的转型发展

我国应用型本科院校是从二十世纪九十年代后期高等教育大规模扩招发展起来的。经过多年的发展，应用型本科院校已经成为我国高等教育院校的主力军。应用型本科院校承担着为其所在区域地方经济发展培养高水平高素质的应用型人才的主要责任。虽然应用型本科院校随着社会的不断进步也一直在探索进行课堂教学改革，希望能够改变长期以来"教师讲、学生听"的教学模式，提高应用型人才的培养质量，培养出适应地方发展的高水平应用型人才，但是目前应用型本科院校存在着诸如学生主动学习意愿不强、学生的学习创新性被忽视、学生的学习能力不足等现象。当前我国应用型本科院校存在这些问题的主要原因是没有树立"以学生为中心"的理念，没有注重发挥学生的主体性作用，没有注意引导学生进行自主学习，没有注意培养学生的学习能力和创新能力。

课堂教学是高校培养人才的主战场，更是学生收获成长的重要方式。当前，我国正在全力推进中国式现代化建设，中国式现代化建设同样需要高等教育进行现代化建设。为国家培养中国式现代化需要的人才是高等教育的使命，为了更好地引导我国高等学校构建高质量人才培养体系，教育部提出了"学生中心、产出导向、持续改进"的教育理念，要求高校推进"以学生为中心"的课堂教学改革。应用型本科院校是我国高等教育中重要的一环，是我国高等教育推进"以学生为中心"课堂教学改革的关键环节。应用型本科院校需要针对当前课堂教学存在的问题，深入理解"以学生为中心"概念，结合学生具体情况，进行系统性的改革。本研究正是在此背景下开展的针对性研究，期望本研究对我国应用型本科高校课堂教学改革具有一定的帮助作用。

第 2 章　电路分析基础课程教学改革

2.1 电路分析基础课程教学改革背景介绍

电路分析基础是应用型本科院校电子信息工程、通信工程、自动化等专业的一门核心基础课。在电类各个专业的人才培养方案中，电路分析基础是本科生在电子技术方面入门性质的技术基础课。电路分析基础的开设时间一般为本科一年级下学期，是学生从高等数学、大学物理等基础课向专业课过渡的"桥梁"课程。因此，从专业知识体系上来看，电路分析基础是专业知识体系的基础；从思维的培养上来看，电路分析基础是培养学生专业思维的入门课程。

通过本课程的学习，学生可掌握电路分析的基本知识、基本分析方法和解决工程实际电路问题的基本能力，引导学生对相关专业产生浓厚的兴趣，并为后续课程的学习和将来实际应用、从事科学研究奠定扎实的电路理论和实践基础。本课程理论严谨、逻辑性强，工程实践性明显，也是深化工程教育改革，推进"以学生为中心"教学理念的重要课程。

2.2 电路分析基础混合式教学模式设计原则

2.2.1 以学生为中心的原则

"以学生为中心"的概念是人本主义心理学家罗杰斯提出的，是指学习者通过不断的探索、思考和反思，可以获得更好的发展。这与中国教育家孔子"因材施教"的教育理念不谋而合，这两者都强调在教学的过程中要尊重学生的发展和学生自身的经验，更要关注学生的学习以及学生的学习效果和发展。

在二十一世纪初国外混合式教学模式刚刚萌芽，开始主要是针对企业对其下属的员工进行远程培训，这种混合式远程教学不仅可以降低培训的费用，还能提升培训最终的效果，因此，各个小学、中学以及高校开始效仿起来，并将混合式教学模式运用到各自的教学过程中，通过实践发现，采用混合式教学的学生整体成绩要高于传统手段模式下的学生。Lopez-Perez 发现，在高等教学领域内应用混合式教学，对于学生的好处有很多，例如，能促进学生的学习兴趣，能提升学生的满意度从而提升自信心，能降低学生挂科率，同时能大幅度降低学生辍学率。自 2013 年以来，混合式教学模式逐渐在国内成为研究热点。国内不同的学者对于混合式教学模式的定义也不同，主要的观点有两种：一种是把传统教学与线上教学相互融合，在教学过程中各自发挥优势；另一种是以线上平台为基础，建立一个课程资源比较充足的课程框架，构建一个线上的学习氛围，围绕课程自身的实际特点展开教学。简单来讲，目前国内混合式教学模式就是将两种及两种以上的教学手段相互融合，保留各自的优点，根据教学目标有针对性地采取不同的教学方法解决在教学中的问题。

混合式教学模式的理念与"以学生为中心"的理念是一致的。在实施以学生为中心的混合式教学的整个过程中，教育者必须确保学生是课堂教学的主体，将学生主体落实在教学的全过程中，充分考虑学生的学习需要，根据授课学生的学习特点、学习习惯、认知特点、心理特点等，创设适用于学生生理和心理特点的学习情境用以激发学生学习的主动性与积极性，促使学生自主构建自己的知识体系。另外，混合式教学模式的实施必须符合学生"最近发展区"的教学原则，最近发展区的激发才可以有效使得学生有学习的动力。实际上只要涉及学习者的教学活动，无论是哪种教学设计和教学组织都应遵循以学习者为中心的原则。

2.2.2 教学目标导向性原则

教学目标是指教师在教学活动中期望学生获得的学业收获。教学目标是一个课程教学实施的最终方向，包括课程的教学设计、课程的教学组织和具体的教学实施、课程的教学考核等。如果课程的教学目标定位合理，并且教学活动和教学目标趋于一致时，教学便易于取得较好的效果。反之，如果教学目标定位不合理，或实际教学实施的过程中教学活动与教学目标不一致。将会导致学生学习效果不佳等状况。因此，教学目标是一个系统工程，除了必须满足时代的发展需求之外，还应全面体现教育价值观。

电路分析基础结合学校的办学定位、专业的人才培养要求和学生的特点，进行了以学生为中心的混合式教学改革，针对不同专业制定了不同的教学目标。下面的介绍，不做特殊声明的话均以64学时的电子信息工程专业为例进行介绍。

电子信息工程专业的电路分析基础课程的教学目标为以下内容：

课程目标1：通过对本课程的学习，使学生能够理解电路的基本概念、基本定律和定理，对工程问题建立电路模型的概念，能够理解电路理论和实际工程问题的关系，初步掌握应用电路理论解决实际工程问题的方法。

课程目标2：建立利用电路定律分析问题的基本思路，能够对电路的物理量、电路元件、电路结构有正确的认知，能够正确理解电路的工作原理、性质和特点，对于复杂的工程问题可以得出有效结论。

课程目标3：通过对电路分析方法的学习，使学生能够根据要求，合理利用各种分析方法，完成对直流电路、动态电路、正弦稳态电路以及非正弦电路的分析，设计并确定满足要求的方案，进行测试分析。

2.2.3 教学内容可接受性原则

教学内容是一门课程的重要组成部分。教学内容组织得再好再丰富，如果学生不接受，那么很难说这是一次成功的教学组织。因此，我们组织教学内容时应该重视学生各方面的特点。为了更好地发挥以学生为中心的混合式教学模式改革的效果，教学内容的组织与设计一定要遵循学生身心发育的持续性、阶段性、稳定性、不均衡性、共性与差异性，综合考量学生身心特点、认识程度、兴趣爱好、经验基础等，只有这样教学内容才能真正被学生接受。首先，对学生的认知特点有所了解，包括了解学生的认知最近发展区。教学内容的组织和设计要在学生的"最近发展区"内,这样不仅让学生在现有的知识基础上实现"跳一跳够得着",而且还能够推动学生进一步发展,实现国内高等教育"金课"中的挑战度的要求。其次,对学生的身心特点有所了解。教学内容可以依托创设真实的情景,组织丰富的教学活动,营造良好的学习氛围,重视个体差异,丰富评价方式,鼓励学生独立或以组为单位发表自己的想法等形式进行传授。

电路分析基础课程在进行教学改革前对学生进行了调查问卷,了解了学生的学习特点、心理特点、前序课程的学习程度等,以便掌握学生的最近发展区。根据学生的专业人才培养方案和金课的"两性一度"的要求重构了电路分析基础课程的内容。更注意课程内容的生态化和关联性,以"实现信息的传递、控制与处理"和"实现能量的传输、分配与转换"两条主线讲述课程内容,让课程内容的前后衔接更顺畅,理解更容易。根据每节课知识点的难易程度增加过渡知识点的介绍,尽量让课程内容无缝衔接到学生的最近发展区。

2.2.4 教学活动系统性原则

教学活动是围绕教学目标展开的一个系统并且连贯的活动,整个课程的教学活动分为很多环节,这些教学环节相互联系、前后衔接、环环相扣、彼此促进。混合式教学也是教学活动的一种,同样受教学活动系统性原则的制约。混合式教学的实施过程中,应注意避免线上与线下重合、割裂等不系统的情况,另外,课前、课中与课后这三个阶段也容易发生分离,要重视各环节之间的内在联系,对教学活动进行合理组织,遵循系统性原则。

电路分析基础课程在进行教学改革前将课程内容按照难度划分为基础型、转移型和综合型三层次。基础型层次内容相对基础,线上线下学时比例为3:7,课前线上学生完成基础知识、基础概念等的学习,课中教师引导以学生为主进行基础型层次的深化;转移型层次内容相对复杂,线上线下学时比例为7:3,课前线上学生完成部分知识的学习,课中教师对课程的重难点知识进行解构、分析和深入讲解;综合型层次内容较难,进行了线上线下学时比例为5:5,课前线上学生完成相关知识等学习,课中教师引导进行拓展应用的讲解和实践，课后学生进一步深化和提高。整个教学活动前后衔接，逻辑体系完整。

2.2.5 教学资源多样化原则

"教育"被定义为一种支持和促进教学活动的各种资源的集合，这其中的资源包括教学的教案、课件、视频、动画、辅导材料、教室、多媒体、黑板等。教学资源的多样化不仅指服务于教学活动的资源存在种类的多样性，同时也体现了教学资源运作时呈现流程的多样性，还有教学资源所表现层次的多样性。首先，教师要依据教学内容选取恰当教学资源；其次，不同的年龄阶段的学生，在个性特点、学习方式和审美取向上也有所不同，教师对教学资源的选择必须考虑学生的实际状况；最后，有不少研究证实教师尽可能地使用多样化的教学资源可显著提高教学活动的趣味性和教学质量。

2.2.6 教学评价多元化原则

教学评价是学生行动的指挥棒。采用多种评价手段，可以更加准确、公正、完整地评价学生。这就要求在混合式课程进行教学评价时，应该将生成性评价、终结性评价相互融合，从而更好地反映学生的学习过程和学习成果。为此，教师应该加强过程性考核，可以借助大数据利用线上平台的学生学习记录来掌握学生的学习行为、学习态度和平时成绩等，过程性评价数据可以更好地指导教师帮助学生调整学习方式，并引导学生对学习活动中存在的不足进行反思和调整；对于终结性评价，教师可以利用考试、大作业等形式，针对学生的学习情况，采取综合测评的形式开展。结合过程性评价和终结性评价可以更加准确、公平公正、完整地评判学生的学习成果。

2.3 电路分析基础混合式教学改革

2.3.1 电路分析基础混合式教学设计

（一）学生为中心的原则——优化师生关系

电路分析基础的混合式教学设计的重要原则就是以学生为中心，目标是优化师生关系。良好的关系才是一切沟通的前提。师生关系也是关系的一种，授课也是沟通的一种。古语有云"亲其师信其道"，良好的师生关系对于学生的学习是有促进作用的。

"以学生为中心"的课堂教学改革与传统课堂最大的不同在于改革的出发点不同。传统课堂的教学改革侧重于服务教师的"教"，以教师的"教"为出发点，以教师的"教"为课堂教学的中心，教师从"教"的角度对课堂教学进行设计和实施，忽视了教学的主角学生；"以学生为中心"的教学改革则强调学生是教学活动的主体，是以学生的"学"为主，一切教学活动都以促进学生的学习为目的而展开，课堂教学应该围绕着促进学生学习和学生发展这两个中心点展开。

应用型本科高校教学中，教师在设计课程教学时要充分关注学生的需要以及学生的能力培养，教师需要通过教学使学生在实践中获得能力锻炼与提升。应用型本科高校的教学应与社会生产的实际问题相关，在教学过程中根据课程内容引入企业与行业中的实际问题，以这些实际问题为导向，引导鼓励学生理解、尝试、创新，在理解、尝试的过程中提高自己分析问题的能力和解决问题的能力。提高学生应用所学理论解决实际问题的能力、提出解决办法的能力是应用型本科高校教学改革的重要要求。在"以学生为中心"的教学过程中，教师应灵活运用多种以学生能力培养为主的教学方式，引导学生参与课堂，鼓励学生实践，提高学生应用理论解决实践的能力。

搭建沟通平台，增强互动构建和谐的师生关系。在新时代的背景下，有效互动是促进师生关系的重要策略之一。教师应当采用多种互动式教学方法来促进课堂内的师生互动，可以使用现代化信息技术（如雨课堂、学习通等）、翻转课堂和小组讨论等方式提升学生参与课堂的比例。现代化信息技术可以方便地发布习题来互动，教师可以及时了解学生掌握知识点的情况；在翻转课堂中，教师可以将部分课程内容布置在课前，让学生自主完成学习，课堂则以学生讨论和答疑为主，通过师生之间、生生之间大量的、频繁的互动激发学生的学习兴趣，增强学生学习效果。

营造积极的学习氛围，促进师生关系融洽。教师可以根据教学内容，课中引入小组讨论、角色扮演等，组织学生大比例地、深度地参与课堂活动，定期了解教学活动的反馈，调整教学组织形式，帮助学生弥补学习中的不足。课外，教师也可以组织相关活动，鼓励学生积极参与，营造良好的学习氛围。

关注学生个体需求，构建和谐课程师生关系。通过关注学生个体的差异和需求，教师可以帮助学生制订最适合的学习计划，帮助学生找到最适合的学习路径，为学生的个人成长提供助力。个性化的学习计划要根据学生的特点和兴趣定制，帮助学生选择适合的进阶难度和课外活动。关注学生个体需求可以满足程度暂时稍差的学生不掉队，也可以让程度较好的学生有所收获。关注学生个体需求可以让每位学生发挥自己的优势，在课程中找到发力点，找到自信，可以在课程中形成良性循环，促进学习效果。

教师应尊重每个学生的独特性、兴趣、需求和观点，不歧视或偏袒。让学生感受到自己的价值和尊严，敢于表达自己的见解和疑惑。师生之间的交流应建立在平等的基础上，共同探索知识和真理。教师应鼓励学生积极参与讨论，提出问题，分享观点；学生能够主动思考，与教师和学生进行深入的交流和合作。教师作为引导者，与学生共同探讨并解决问题，促进知识的建构和深化；教师要相信学生的学习能力，关注学生的进步，给予他们充分的信任、鼓励和支持；学生感受到教师的关怀、肯定和期待，有助于增强他们的自信心和动力，更加积极地投入学习。教师应及时给予学生具体且个性化的学习反馈；学生可根据教师的反馈调整学习策略和方法，提高学习效率。持续的反馈与调整有助于实现教与学的双向互动和持续改进。

这些特征共同构成了以学生为中心的和谐师生关系的基石，形成良性的文化环境，有助于提高学生的学习效果、满足感和自信心，同时为他们的未来发展奠定坚实的基础。

通过前期对电路分析基础教学现状的调查，电路分析基础传统课堂中师生互动较少，以教师讲授为主，与"以学生为中心"的教学理念不符。因此，在电路分析基础课程进行了"以学生为中心"的教学改革，改革前对学生进行了问卷调查和访谈，注重学生的个体差异，了解了学生的最近发展区，更注重学生的需求，更强调师生关系的和谐，重新进行了课程教学设计，在课中利用雨课堂、翻转课堂、小组讨论、角色扮演、六顶小帽等方式让学生参与到课堂中来，重新找回课堂主人的位置，让课上有更多学生的讨论、发言、思考、辨析等；课下布置了"我来试一试""我来想一想""我来做一做""我来讲一讲"的活动，让学生学以致用，通过作业和任务的分层让每位学生都忙起来，交流起来，合作起来，让课外的活动丰富起来。

（二）应用型原则——增强学生学习动机

越来越多的高校将教学理念转向以培养应用技术型人才为主，导致课程教学体系、教学内容也随之不断扩大，教学内容多、实验课时少与产学研用融合程度不够三者之间的矛盾激发。

调查发现，应用型院校学生在上课的专注程度、学习动机上的表现相对比较薄弱。以北华航天工业学院的电路分析基础课程为例，以上原因主要有两个方面：一方面，电路分析基础的课程内容具有较强的复杂性和抽象性，课程内容距离具体的应用电路较远，知识的呈现方式影响了学生学习的积极性和专注度；另一方面，传统教学模式中所传授的理论知识过于枯燥且抽象，无法调动起学生学习的兴趣与主动性。电路分析基础通常的授课对象是大一下学期的学生，对于刚进入大学的学生而言，他们对于自己的专业充满了好奇，喜欢动手实践，乐于看到知识的应用等。因此，传统的知识讲授方式需要优化，需要适时融入一些课程内容与学生专业、实践、行业等相结合的部分，这样不仅能提升学生的专注度，同时，还可以在一定程度上增强学生的学习动机，促进学生了解专业特点，提升学生动手能力，为后续的课程打下坚实的基础。

在开展电路分析基础混合教学的教学设计中，教师需要了解学生的基础，需要不断学习和拓展课程内容在专业、行业里的应用，在此基础之上，才可以实现课堂中课程内容和企业实际的结合，实现在学生已熟知的知识、生活经验之上进行知识的传授。其次，教师还需要根据课程特点以及学生的认知水平和兴趣爱好对课堂教学内容进行调整，如增加动画讲解、增加视频讲解、增加动图演示、增加仿真软件演示，增加学生熟悉的表达方式，增加互动，增加课程知识练习题的设计，通过一些学生喜闻乐见的形式取代枯燥教材知识的讲解。此外，教师在课堂上进行教学的时候，还可以选择灵活多变的教学活动方式，例如教师可选用小组合作，班内知识竞赛，头脑风暴等教学方式，激发学生的学习热情。

（三）探究形式多样化——培养学生自主学习能力

探究式学习具有自主性、开放性、启发性、实践性等特点，探究可以有多种形式，分为引导探究、合作探究、自主探究三种类型。

（1）引导探究是以教师引导为主、学生参与探究全过程的一种学习形式。在引导探究的过程中，教师需要确定学生探究学习的方向，组织探究学习活动、设计探究的具体活动内容和安排探究活动等。教师在整个探究的过程中扮演组织者和促进者的角色，创设适合学生探究的情境、提供适合探究的内容，在引导探究的过程中适时地启发学生思考、启迪学生思维、帮助学生梳理和概括探究的结论、组织学生进行探究学习的反思和评价。

（2）合作探究是小组内学生之间通过沟通、协作等共同完成的一种学习方式。合作探究以组内学生合作为主，小组根据"组间同质、组内差异"原则成立，最大限度地减少组间的分歧，保证各个组别之间层次相当，为了让小组的竞争公平合理，组内成员要从个性、特点、学习能力等方面存在差异与互补，能让组内成员在合作探究中互相影响、互相学习、互相进步、互相帮助，通过共同目的的探索和实现促进知识的吸收和内化。

（3）自主探究是指学生通过独立、自主的思考获得知识与技能的一种学习方式，是学生在原有知识经验的基础上，自己去分析、探索、解决问题的一种方法。自主探究学习可以提高学生学习的独立性，促使学生主动解决问题。

不同类型的探究各有优缺点，电路分析基础在"以学生为中心"的教学过程中坚持采用多样化探究形式，课前布置预习培养学生自主探究，课中以引导探究为主，同时结合合作探究，通过多角度、多形式探究帮助提升和锻炼学生的学习能力。

（四）混合式教学贯穿课程原则——促进教学活动多元化

电路分析基础的整个教学过程都在利用基于线上平台的数据分析、统计、传输和储存等功能进行。课前利用线上平台发布学习任务、发布预习视频、收集学生课前的疑问和习题等情况；课中利用线上和线下相结合的方式发布小组探究、互动题、在线讨论、在线答题等；课后利用线上平台发布评价、反思、任务拓展等。线上平台与线下课堂的结合有效提高了课堂效率，活跃了课堂气氛，也让教师充分了解了学生掌握的情况，及时调整教学进度和深度，同时也可以活跃课堂气氛，增添课堂趣味性。

2.3.2 电路分析基础课程现状

（一）教学内容分析

北华航天工业学院电类专业的电路分析基础课程主要由四个部分组成：第一部分为直流电路部分，这一部分主要包括电路的基本概念、基本定义、基本定律、基本定理、基本分析方法等；第二部分为动态电路部分，这一部分主要包括动态电路相关概念的介绍、动态电路的分析方法等；第三部分为交流电路，这一部分主要包括交流电路的概念、交流电路的特点、分析方法等；第四部分为三相电路，这一部分主要包括三相电路的概念、分析方法等。

本书所使用的教材为邱关源主编，高等教育出版社出版的国家规划新教材《电路（第5版）》。该教材主要针对国内本科院校电类专业，以培养具有较强实践动手能力的高素质技能型人才为目标。该教材编撰的内容理论体系完备，内容经典，重难点介绍详略得当，布局合理，用词考究，但可能正是由于该教材的这些特点，导致我们在对本校学生进行调研时发现，学生普遍认为该教材的内容略难，语言文字略显晦涩。电路分析基础理论内容相对抽象、复杂，电路课程的概念多、原理多、分析方法多，对于知识基础相对较差的应用型本科学生来说，课程学习难度较大，面对枯燥抽象的专业理论知识表示不感兴趣、不易理解的人占相当一部分比例。

根据混合式教学模式的特征，可知其具备教学个性化、学生参与度高、便于优质资源整合，学生学习行为数据清晰等特点。枯燥乏味、抽象复杂的电路知识和分析方法，在现代化信息技术的帮助下能够更形象、更直观地展现给学生。因此，应用型院校的电路分析基础教学内容适宜采用混合教学模式。为确保学生在学习知识和技能时能够由浅入深并渐入佳境，教师要先从课程全局出发，根据学情，合理计划教学进度。同时还要充分考虑到学生之间的差异性，以及学生在各方面发展不平衡的情况，在课程内容选取上遵循因材施教的原则，使各个层次的学生均能得到充分而有针对性的教育。根据课程内容特点，本研究对课程教学内容进行了重构，遵循"生态化"教学理念，强调课程整体的关联性。结合电路的两大基本功能将11个知识单元分为实现信息的传递、控制与处理的电路和实现能量的传输、分配和转换的电路。根据逻辑关系又将知识单元划分为三个层次，分别为基础层、中间层和延展层，分别对应培养学生的"基础理论"、"实践能力"和"职业素养"三个方面。对基础层知识的讲授以线下为主、线上为辅，学时比例分配约为7:3。对于中间层和延展层的知识单元，可进一步划分为基础型知识点、转移型知识点和综合型知识点。其中基础型知识点的线下与线上学时分配比例约为7:3，转移型知识点的分配比例约为3:7，综合型知识点的分配比例约为5:5。知识单元间的过渡嵌入工程实践与思政要素，使得课程成为有机整体，以便于后续更好地设计或引用线上平台的资源。

（二）教学目标分析

所谓教学目标，就是对教学会给学生带来什么改变的一种清晰表达，指对教学活动中学生学习结果的预期。不同时期的教育思想、培养目标、教学内容和教学方式都会影响到教师对该门课程的设计和实施。国家对学生的培养预期、社会需要、学校教育资源等因素影响着高校课程教学目标的确立,科学地设置教学目标对于教学活动的进行具有十分重要的意义。

2018年11月24日,时任教育部高等教育司司长吴岩提出了关于"打造金课"的概念和要求,同时,吴岩司长也指出了"金课"与"水课"的主要区别,"金课"要满足课程的创新性、高阶性和挑战度,即所谓的"两性一度"。所谓的"水课"是指低阶、陈旧和不用心的课程。

应用型院校是指以培养应用型人才为办学定位的本科院校,主要是培养适应一线社会生产、一线社会建设、一线社会管理和一线社会服务的高级应用型人才。这类应用型本科院校更注重学生在学习阶段中职业技能和实际能力的培养,该类院校更关注社会的需求,该院校课程的设置更贴近社会需求,而课程内容也更注重结合实践,更关注学生实践能力的锻炼。

北华航天工业学院是一所以培养特色鲜明的高水平应用型人才为目标的应用型本科院校,该校电子信息工程专业的人才培养目标为:坚持立德树人,立足廊坊,面向国家和地方经济建设、航天工业建设需求,培养具有人文社会素养、社会责任感和工程职业道德,德智体美劳全面发展,具有团队协作、项目管理及终身学习的能力,能够在电子电路、嵌入式系统、信号与信息处理等领域从事设计、研发、测试、应用、管理等工作的高素质应用型专门人才。毕业生预期能达到如下能力:

1. 身心健康,具备人文素养、职业道德与国际视野,能够在工作中体现社会责任感,积极服务国家与社会;

2. 具有分析和研究的能力,可以运用专业知识和工具在社会大背景下理解和解决电子信息相关领域的工程实践问题;

3. 在解决实际问题时,能够运用多学科知识,综合考虑社会、环境、安全、健康、经济等因素,并体现创新能力;

4. 能够在多学科环境背景下进行沟通和项目管理,在跨职能团队中担任骨干或领导角色,发挥作用;

5. 紧跟电子信息领域发展新理念、新技术,能够持续学习,不断完善和提升自身能力,具有职场竞争能力。

本书以北华航天工业学院的电路分析基础课程为例,探讨如何根据国家对"金课"的要求,结合学校办学定位,以及专业人才培养目标拟定该课程的课程目标、课程标准、课程内容并制定科学合理的教学目标。

电路分析基础课程是高等学校本科电子信息类、电气工程及其自动化等专业必修的一门重要专业基础核心课程。通过本课程的学习,学生应掌握近代电路理论的基础知识与分析计算电路的基本方法,具备进行电路实验的初步技能及解决具体实际问题的能力,同时也为学习后续专业基础课和专业课准备必要的电路知识。

根据《布卢姆教育目标分类学》,认知领域的教育目标分为六个层次,由低到高分别是:知识、领会、应用、分析、综合、评价。认知领域的这六个层次目标为高校教师提供了一个明确的教学框架。

本研究结合教育部关于金课"两性一度"的要求、应用型高等院校的人才培养目标、电子信息工程专业人才培养方案确定了课程目标,并参考布卢姆认知教育目标的分类从知识、能力和素质三个方面制定了电路分析基础的课程目标。

(三)教学对象分析

教学对象分析包括学生的心理特点、学习能力和学习风格等。教学过程是一个信息交流和传递的过程,也是在教师的引导下,学生主动建构知识的过程。按照传播学的理念,传播者需要了解接受者的态度、文化背景及相关知识基础才能确保信息的有效传递。在混合式教学模式实施的过程中,教师需要了解学生的身心特点、前期基础知识的掌握情况、学习能力、学习的疑问等,精心地、有针对性地设计教学活动,通过组织学生自主学习和合作探究等,才能在课堂上确保知识的有效传递。因此,教师需要课前搜集学生的素材,了解学生接受信息的能力、处理知识难度的能力、小组内合作沟通解决问题的能力、实践动手能力和创新能力等,便于针对性地设计、指导教学活动。

本研究选取了北华航天工业电子信息工程专业班级学生作为授课对象,在课前的调查中发现:学生对纯理论知识的讲解感觉没有兴趣,但是他们在实践和操作时的动手能力很强；他们对机械式地学习课程内容没有动力，但对这个专业将来的具体工作内容比较感兴趣；他们具有一定的数理思维，但工程思维尚未建立；他们乐于学习，但更喜欢个性化学习；他们已经学习过了高等数学、大学物理等相关基础课程，已经具备了一定的计算分析技能，但是只会解题不会解决实际问题。

在电路分析基础的混合教学改革的过程中，应充分考虑应用型院校学生以上的认知特点与身心特点，在此基础之上进行互动式的教学设计，以期提升学生学习热情，通过"以学生为中心"的教学设计把课堂还给学生，使学生学有所获。

（四）教学环境分析

教学环境会对学习产生影响，既能促使学习者积极地参与到课堂中来，也有利于培养学习者的能力。教学环境通常有物理环境与文化心理环境，物理环境主要包括教学场所、教学设备、课堂资源、教室陈设等，文化心理环境则主要是课堂氛围、情感环境和师生关系等。

本研究对象所在学校的物理环境为智慧教室，满足课中师生互动的要求。2017年，电路分析基础课程在超星泛雅平台建设了课程资源，同时利用长江雨课堂实现课中互动，通过由易到难的进阶式分组任务，逐步提升进阶式性学习能力。

（五）线上平台的选择

线上平台种类较多，国内目前使用相对广泛的有中国大学慕课、学堂在线、超星泛雅、网易云课堂等，以上每个平台都有各自的特点。本研究采用了超星泛雅线上平台，自2017年就开始在超星泛雅平台上搭建了电路分析基础课程的资源，具体包括课程大纲、教学日历、预习视频、课程课件、课程习题、讨论区、习题库、试卷库、拓展资料等，供选课的学生自由选择自己所需要的资料。目前，超星集团还开发了一项基于大数据的知识图谱的功能，基于知识图谱可以把课程的习题绑定课程的知识点，当教师从题库里发布相关题目给学生后，可以根据学生回答的情况查看学生薄弱的知识点。这项功能可以供教师查阅教学班级的知识点掌握情况，进行有针对性的教学设计，也可以为使用该系统的个人查看自己在学习过程中知识点的掌握情况。

教师需要提前给平台上所有习题绑定相关的知识点，教师发布完习题后，可以通过查看每个题目的正确率来了解学生对某些知识点的掌握情况，精准捕捉薄弱的知识点，可以在下一教学环节加强教学设计，完善教学效果，形成闭环。

另外，学生也可以自由地在超星课程习题库里自行练习，通过每次练习题的正确率，锁定薄弱知识点，系统会自动根据学生的薄弱知识区推送相同知识点的题目，帮助学生多次反复练习，达到提高学习效果的目的。

（六）线下课堂信息技术工具的选择

线下课堂的信息技术工具也相对较多，目前国内高校应用较多的信息技术工具有学习通、云班课和雨课堂等。其中雨课堂是学堂在线和清华大学在线教育办公室联合开发的一款信息技术工具，它将现代化的信息技术手段融入PowerPoint和微信中，为线上线下和课内课外搭建了沟通的桥梁，对于高校教师而言，可以很方便地将雨课堂与自己的教学PowerPoint相结合，不需要单独安装软件包，比较友好。在电路分析基础的混合式教学改革的线下课堂中采用了长江雨课堂，长江雨课堂属于雨课堂的一种，与雨课堂有着相同的特点。雨课堂的功能要点主要为：

（1）课堂互动题目：这是雨课堂比较即时的一个功能。线下课堂中，教师讲解完一些知识点后，可以根据需要直接在PPT里插入测试题，这些测试题包括选择题、填空题、投票题、主观题等，并且这些题可以根据题目的难度设置相应的分值和答题的时间。学生可以在规定的时间内完成作答。教师可以直接地、即时地把互动题目的结果投屏到PPT上，进行讲解或阐述。教师能时刻掌握学生回答的情况，并且可以为回答问题表现优异的学生发"课堂红包"以示激励，通过习题应答的方式，师生之间的交流更为即时、更为频繁。学生则通过观察该题目的正确率和自己的答题情况了解自己在整个班级集体中所处的位置，及时调整自己的状态，对学习有一定的激励作用。

（2）弹幕功能：教师每次开始授课前可以打开雨课堂的弹幕设置，每位学生在学习的过程中根据听讲的内容可以通过手机发布自己的疑问，便于师生之间的沟通，教师可以及时对学生的疑惑点进行讲解，帮助学生即时消除疑惑点，调整教学的进度。这个功能对于不善言谈的学生很友好，直接文字描述疑惑，可以得到教师或同伴的解答。

（3）投稿功能：学生在参与课堂的互动题目中除了上述的选择题、填空题之外，雨课堂还有一项投稿的功能，可以给像电路这样需要进行大量画图、推导公式、大量计算的工程类课程提供空间，学生可以在自己的草稿纸上画图、推导公式、完成计算，然后拍照上传，教师端能接收到所有参与投稿的学生的照片，从中挑选认为比较合理的、较好的照片在全班范围内进行推送，这种行为有两个好处：一方面，可以让看到自己的照片被推送到全班学生手机端上当作一种榜样的学生有一种荣誉感；另一方面，全班可以观摩较好的、具有示范作用的答题应该是什么样子。

（4）幻灯片同步与"不懂"反馈：教师开启线下雨课堂授课模式后，教师讲授的所有幻灯片都会通过雨课堂同步发送到学生的手机端。课上同步接收的PPT课件下方都有"不懂"按钮，听课的过程中，学生对于不懂的幻灯片可以点击"不懂"，这个"不懂"按钮能够反馈到教师端，教师在了解到这个"不懂"信息后，可以解决相关问题。结合多年教学使用雨课堂的经验，幻灯片同步功能有两个好处：一是对于课堂上座位比较靠后看不清黑板题目的学生可以看手机接收的幻灯片来解决上述问题；二是学生课上无须勤于记笔记，只需专注听课即可，可以课下通过雨课堂的记录进行笔记整理。

（七）教学资源分析

电路分析基础基于超星泛雅平台开发了 SPOC 课程资源。超星泛雅集团针对各类教育推出了"示范教学包"，旨在帮助教师更好地进行教学设计和课堂管理，助力混合式教学，提升教学效果和学生学习体验。针对本科教育阶段，超星"示范教学包"涵盖了理工、文史、医学、法学、经管、教育等各领域。"示范教学包"中包含了来自平台的优秀教师的教学视频、课件、教案和教学素材等。电路分析基础课程引用"示范教学包",并在此基础上结合所在学校的具体情况进行了编辑和使用,开展了混合式教学。

电路分析基础展开线上线下混合式教学,目的是让学生借助在线学习平台自主完成部分知识的学习,为课堂教学争取时间,更好地完成高阶性、创新性和有挑战度的内容,帮助学生深入学习课程核心难点和重点。

电路分析基础在引进超星"示范教学包"后增加了自建课程视频32个,增加自建习题近900个,绑定相关知识点近900个,增加拓展文件64个,增加了拓展的文件、拓展的视频等30个。

为了更好地配合混合式教学改革,对电路分析基础课程的内容进行深度拆解,将知识进行模块化处理,构建了线上线下混合式教学框架。教师要在课前发布线上学习资源,布置学习任务,明确预习目标,引导学生开展预习;学生及时接受预习任务,自主完成线上学习和检测,并且提出问题进行交流讨论,完成预习。教师就学生的疑问进行针对性的设计。课后是巩固、提高和拓展。

课堂聚焦于电路分析、计算和工程应用等核心知识。教学方法也是以学生参与为主,在学生完成慕课学习的基础上,课上借助雨课堂工具,采用"精讲多练"的方式,通过案例教学、课堂演练和翻转课堂激发学生学习兴趣和潜能,全面提高学生的能力。

2.3.4 电路分析基础混合式教学设计流程

本研究结合北华航天工业学院电类专业学生学情及学校教学环境将混合式教学设计流程分为教前准备、课前导学、课中研学、课后拓学四个阶段,如图1所示。

第 2 章 电路分析基础课程教学改革

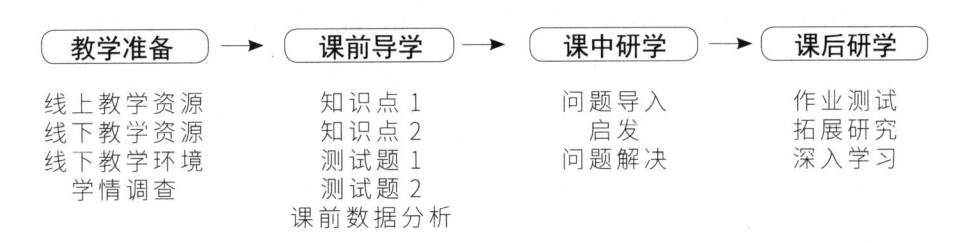

```
教学准备  →  课前导学  →  课中研学  →  课后研学
线上教学资源   知识点1      问题导入      作业测试
线下教学资源   知识点2       启发        拓展研究
线下教学环境   测试题1      问题解决      深入学习
学情调查      测试题2
            课前数据分析
```

图 1 混合式教学流程

教前准备的主要内容是教师在授课前要准备线上平台的预习视频、线下授课的课件，以及对授课环境和学情的调查等。电路分析基础课程在超星泛雅的平台引入了"示范教学包"并自建相关资源，具体包括全学时教学视频、全学时教学课件、每节课的教案、试题库、试卷库等。课前，教师合理地把每节课的教学内容分为若干个知识点，根据自己掌握的学情把简单易懂的知识点以任务的形式发布给学生，并发布相应的测试题。其中每节课的教学内容需要合理地划分为不同的知识点，并且教师需要根据学生的学习能力清楚划分知识点的难易程度。通过往年的知识点正确率的积累和对学生的了解，知识点的难易程度可以分为易、中、难三类，将学生学习能力范围内可以实现自主学习掌握的知识点定为"易"，将部分学生可以实现自主学习掌握的知识点定为"中"，将少数学生可以自主学习掌握的知识点定为"难"。这里以电路分析基础中第三章第六节节点电压法的内容为例来详细说明一下。节点电压法的教学内容具体可以拆解为：① 独立节点（易）；② 节点电压（易）；③ 自导（易）；④ 特殊情况1自导（中）；⑤ 特殊情况2自导（难）；⑥ 特殊情况3自导（难）；⑦ 互导（易）；⑧ 一般电路的节点电压方程的列写（易）；⑨ 特殊情况1互导（中）；⑩ 特殊情况2互导（难）；⑪ 一般电路的节点电压方程的特点（中）；⑫ 特殊情况1电路的节点电压方程列写（难）；⑬ 特殊情况1电路的节点电压方程列写（难），共 13 个知识点。其中，知识点 ①②③⑦⑧ 难度相对较低，教师可以在线上发布这几个任务，要求学生课前自主完成。④⑨⑪ 属于难度相对不太容易的，⑤⑥⑩⑫⑬ 属于难度较大的知识点，教师可以针对"中"和"难"的知识点进行教学设计。

课前导学的主要内容是发布已经确认为在学生就近发展区内的"易"知识点资料，通过任务的形式发布给学生。发布任务点的同时需要同时发布测试题，测试题也可以分为易中难三个层次，分别从概念的理解、定理的重点捕捉、定理的应用三个不同层次进行考察，为后续课前学情捕捉提供数据支撑。另外发布测试题时也可以结合题型进行，例如，单选题、多选题、填空题、计算题等。现以电路分析基础中几个典型的知识点的测试题为例说明。

测试题型1：

一阶 RC 电路的时间常数为（　　）（单选，难度：易）。

A. $R+C$　　　B. C/R　　　C. $RC/(R+C)$　　　D. RC

测试题型2：

关于图2电路的叙述正确的是（　　）（多选，难度：中）。

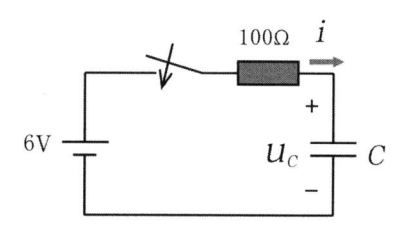

图2　测试题型2电路图

A. 开关闭合后是给电容充电。

B. 电源变为12V，充电时间加倍。

C. 增大电阻值充电时间变长。

D. 如果电容电压的初始值为6V，则充电时间为0。

测试题型3：

戴维南定理：任何一个含有独立源、线性电阻和线性受控源的二端网络，对外电路来说，可以用一个电压源 false 和电阻 false 的串联组合来等效替代；电压源的电压等于外电路断开时断口处的开路电压，而电阻等于该端口中全部独立源置零后的等效电阻。

1. 以上定理可知，戴维南定理的适用对象是（　　），它可能是由（　　）、（　　）和（　　）三类元件组成的二端网络。（难度：易）

2. 戴维南定理指出任何一个含有独立源、线性电阻和线性受控源的二端网络可以对外等效为一个串联连接，这个串联连接是（　　）。（难度：易）

3. 等效电路中电压源的电压等于外电路（　　）时的（　　）处的（　　）电压，

等效电阻等于该二端网络中全部独立源（　　）后的端口（　　）。（难度：易）

4. 当一个二端网络内部的独立源被置零后就变为（　　）二端网络（含源还是无源），它可以等效为一个（　　）元件。（难度：易）

测试题型 4：

1. 请查阅资料，应用戴维南定理进行解题时，电路将进行什么样的等效？需要求解哪几个参数？（难度：易）

2. 请查阅资料理解什么是开路电压？（难度：中）

课中研学的主要内容是经过课前准备和课前导学后，在教师进行有针对性的教学设计后，针对本节课学生的难点疑问点进行的教学活动。教学活动的形式多种多样，包括大班互动式教学、小班翻转课堂、分组讨论、小组汇报等。常见的教学设计有 5E 教学法、ADDIE 教学模型、对分课堂、BOPPPS 教学模型、OBE 成果导向教育理念、CDIO 教育模式。教师可以根据课程特点结合不同的教学模式进行教学设计。电路分析基础采用的是 5E 教学法。

电路分析基础课堂打破固有教学模式，充分吸纳讨论式和案例式教学的优点，遵循学生认知规律，采用 5E（吸引 Engage、探究 Explore、解释 Explain、迁移 Elaborate、评价 Evaluate）的教学模式，以学生为中心，在教学的过程中通过情景化的案例或工程案例引起学生的学习兴趣，结合案例，运用调查、研究和分析等方法解决实际问题，通过小组合作帮助并促进学生对知识的理解内化。本课程首先通过引入一些与学生的生活情景接近的案例吸引学生（Engage），引起学生的认知冲突，从而激发其主动探究，主动构建知识的兴趣，教师则通过上一环节产生的认知冲突，引导学生进行探究（Explore），这一阶段教师引导学生把注意力集中在对知识的探究上，估计学生讨论、表达自己对概念的理解和运用，如果学生的推理有困难，教师可以通过概念的精讲（Explain）帮助学生深入地理解新的知识，在教师的引导下继续扩充和加深学生对新知识的理解和应用，同时通过实践练习，加深或拓展（Elaborate）学生对新知识的理解，获取更多信息，在整个教学过程中，教师可以对学生对新知识的理解及应用能力进行评价（Evaluate），确保学生能真正理解、掌握、迁移和运用知识。整个线下的教学过程中充分运用了长江雨课堂的互动题、弹幕、投稿、课堂红包等功能，以此激发学生的学习兴趣，活跃整个学习的氛围，充分发挥线下课堂的教学优势，改进教学环节，完善教学内容。

5E 课堂教学模式结构如图 3 所示：

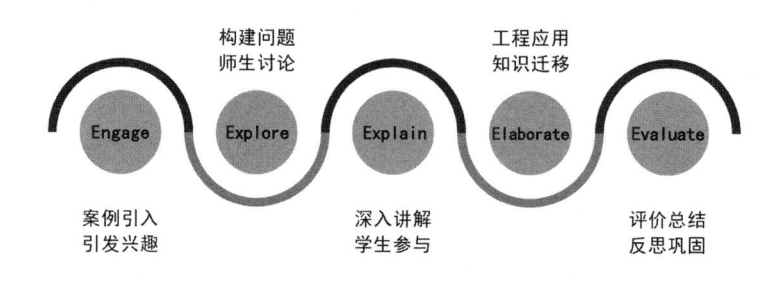

图 3 5E 课堂教学模式

课后拓展的主要内容包括三个方面。

1. 教师应该根据课堂的具体情况和教学重点难点，设计相应的测试题上传至线上平台，测试题要有相应知识点的目的性与系统性。测试题可以帮助学生回顾之前或课上已学过的内容，也能促进学生对知识的迁移，激发学生思维和深入研究。学生在线上接收教师发布的任务并在规定的时间完成测试。目前线上教学平台一般都具备校验的功能，学生完成线上答题后，系统会自动判断对错并给出相应的成绩，这一项功能极大地提升了学生的自我检测效率，同时随着信息技术的快速发展，目前国内各种线上平台都支持大数据，在学生答题的大数据支撑下，教师可以更加精准地分析学情，精准定位，有的放矢地为学生答疑解惑。同时，超星泛雅开发的线上平台也支持学生个人数据汇总，通过观察学生自己的所有错误题目数据可以清晰地知道自己的薄弱环节，同时平台还提供了推送错误率较高知识点的练习功能。

2. 学生做完课后测试题，要完成教师分享在线上平台上的拓展材料。这些拓展材料包含很多类型，如课内知识的应用、课外知识的拓展或实用型小产品的设计等，学生可以结组完成此项任务要求。

3. 教学评价与反馈，教师依据教学评价量表开展课后评价，将教师评价、组内互评和学生自评等成绩进行汇总，同时为了增强学生的荣誉感，公布排行榜前三学生的成绩反馈给所有学生，给学生树立榜样。教师还可以阶段性地通过调查问卷、师生访谈等方式收集学生的反馈意见，帮助教师调整授课计划、进一步改进教学方法，以期完善今后的教学活动达到更好的教学效果。

2.3.5 电路分析基础混合式教学评价

随着现代信息技术的进步，教学评价从分析、诊断、评价到改进等已经形成一个良性的生态圈。高校的教学评价中仍然存在评价主体不明确、评价方法缺乏客观性和评价结果忽略个性化等问题。

教学评价的主体不明确。科学的教学评价应包括学生评教、教师自评和督导评价等多方面，每一个主体的评价都占有一定的权重，加权平均后得出教学评价的总分。目前应用型本科院校的教学评价主体仍是以教师为主导，较少考虑学生在教学评价中的作用。

教学评价的方法没体现过程性。通常情况下，目前高校在教学评价上多数以终结性评价为主，通过最终的期末考试成绩来反映学生对这门课程的学习水平。以北华航天工业学院电路分析基础为例，学生课程成绩的计算包括课程平时成绩、期中成绩和期末成绩。课程平时成绩主要是通过考勤来进行评定，很少考虑在课堂教学的过程中对学生的学习表现进行评价，也就忽略了学生的评价主体。期中和期末成绩的评价也均属于一种静态的、事后的评价。而学习是一种动态的过程，如果教学评价忽略了学生在学习过程中的尝试、探索、厚积薄发，哪怕是失败的过程，教师没有看到、没有反馈，那么在一定程度上会打击学生学习的积极性，学生学习的主观能动性也会降低。如果学生长期处于这样的环境中，这可能就是学生学习积极性不高的原因之一。

评价结果忽略个性化。在实际教学过程中，教师更为关注班级集体的反馈，很难精准地对不同需求的每一位学生开展有个性化的反馈，长期会导致教师在教学过程中对学生个体的忽视。整个课程的教学过程是一个师生交流对话的过程。在这个对话的过程中，教师对学生的关注和反馈对学生学习至关重要。以北华航天工业学院电路分析基础为例，改革前教师常常会关注一个学期结束后学生整体的评价结果，或者是定时召开学生代表的座谈收集学生的反馈，对于每位学生的反馈经常是忽略的。

电路分析基础教学评价纳入学生评教、教师自评、同行评价和督导评价等方面，课程的教学改革采用了形成性评价与终结性评价相结合的方法，合理设置了这两个评价方法的比例，制定了一个学期任课教师跟每位学生至少面对面交流一次的规则，同时继续执行定期开展问卷调查、定期开展座谈访问等收集学生的评价的规定，以期能够完善课程的教学评价。

2.4 以学生为中心的电路分析基础混合式教学改革

电路分析基础是电子电气专业本科生在电子技术方面入门性质的技术基础课，是从高等数学、大学物理等基础课向专业课过渡的"桥梁"。本课程理论严谨、逻辑性强、工程实践性明显，是深化工程教育改革、推进新工科建设与发展的重要课程。通过本课程的学习，学生可掌握电路分析的基本知识、基本分析方法和解决工程实际电路问题的基本能力，引导学生对相关专业产生浓厚的兴趣，并为后续课程的学习和将来实际应用、从事科学研究奠定扎实的电路理论和实践基础。本课程从培养应用型人才需求出发，坚持"基础理论、思维方法、工程应用"相结合的教学理念，以电路基础理论为核心，围绕工程实际需求，培养学生解决工程问题的思维能力。课堂是师生共同参与的一个互动过程，每位学生都是一个个体，同时也是课程的主体。教师应全面考查学生的实际情况，包括认知规律、学习特点、学习习惯等，选择合适的教学方法，实现预期的教学目标。通过发放调查问卷、访谈和与学生座谈等形式得知，目前本课程的学情是：学生已经学完了"高等数学""大学物理"等先修课，目前仍处于专业的入门阶段；学生思维活跃，具备数理思维模式但工程思维尚未建立；学生具有较强的独立意识，具备一定的探索精神，但学习习惯欠佳，容易丧失学习兴趣等特点。目前本课程的特点是：本课程具备公式多、定理多、分析方法多，同时又具有一定的工程实践性等特点。

北华航天工业学院是一所以培养高水平应用型人才为目标的工学院校。课程是高校育人的主渠道，课堂是人才培养的主战场。电路分析基础从学校总体培养目标和新工科建设要求出发，按照"教方法、学思维、会应用、能创新"为原则，以培养具有工程思维的应用型人才为目标制定了本课程的教学目标。

知识目标：掌握直流电路、动态电路、正弦稳态电路的基本概念、基本定律和分析方法，掌握一般电路的应用和设计思维，能够理解电路理论和实际工程问题的关系。

能力目标：具备一般电路分析、设计和计算能力，培养学生工程应用意识、自主学习能力、团队合作意识、沟通表达和实践创新能力，具备在本职业领域解决相关实际复杂工程问题的初步能力。

素质目标：培养学生的家国情怀、科学精神创新意识；树立正确的人生观、价值观和世界观；增强工程思维意识；具备严谨求实的科学态度和较高的思想政治素质。

随着新工科建设的内涵和目标的逐渐清晰，新理念、新标准、新模式、新技术不断涌现，传统教育理念和教学方法的局限性日益明显。发现教学中的真问题，找到正确的解决途径，成为推进新工科建设和发展、提高教学质量和人才培养质量的重要举措。具体到电路分析基础课程，主要有以下"痛点"问题需要解决。

①课程内容多、内容难度大、内容相对抽象，学生容易丧失学习兴趣；

②学生的学习习惯欠佳，有一定的畏难情绪；

③课程的实践能力培养不足，工程思维提升缺失；

④课程缺乏对学生学习过程的有效监督。

针对以上问题，电路分析基础课程进行了以学生为中心的创新改革，主要包括以下几项创新举措：

1.5E教学，通过教学模式的自我革新走出课堂教学困境

传统课堂教学模式以讲授为主，教师是整个教学活动的主导者，学生处于被动学习地位。随着高等教育信息技术快速发展，传统教学模式的弊端日益显现。课程难度大，抽象知识多，学生畏难情绪较高；传统课堂缺少学生主动探究的环境和机会，学生被动接受的模式较难打破；学生掌握了课程的基本知识，很难将理论应用到实际问题中去，对分析、应用、评价、创新等高阶思维能力培养严重不足。我们不禁要问，高校课堂教学出了什么问题导致今天这样的困境？应该如何走出这种困境？问题的主要原因在于以讲授为主的教学模式已不适应当前学情，甚至出现"讲得越多、学得越差"的尴尬局面，若不改变学生被动学习的现状，课堂教学很难走出困境，以学生为中心也无法落实。

电路分析基础课堂打破固有教学模式，充分吸纳讨论式和案例式教学的优

点，遵循学生认知规律，采用"吸引—探究—解释—迁移—评价"的5E教学模式，以学生为中心，在教学的过程中通过贴近学生生活的情景化案例或工程案例导入课程，通过案例完成"吸引"环节，引起学生的课程学习兴趣；结合案例，提出问题，利用学生的好奇心深入课程的学习，通过环环相扣的知识点的讲解以及将相关课程的内容应用到案例上，使学生在小组内讨论课程时不断提出问题，教师就课程内容迁移到其他科技前沿的案例上，帮助学生深入地理解。整个教学过程中，教师可以引导学生对新知识进行理解、掌握和应用。

2. 守正创新，通过教学内容的优化升级助力有效教学的实施

电路分析基础课程内容多、推导多、难点多、内容抽象，距离实际应用电路较远，学生感觉课程内容枯燥，容易丧失学习兴趣，因此学生把电路分析基础课程戏称为"天书"。针对以上问题，我们对电路的理论内容和实验内容进行了优化升级。首先是理论内容。以注重知识的连续性和体系的完整为出发点，重新梳理课程内容，将课程内容模块化，淡化了复杂的数学推导，突出了重点难点，引入了工程案例、前沿概念等，实现了从教材向课堂演绎需求的转变。如电路课程分为三大模块：直流电路部分、动态电路部分和交流电路部分。讲解等效电阻概念时，教师会结合后续模拟电子技术课程中基本共射放大电路分析输入电阻和输出电阻，在解决电路计算的同时学生也了解了等效电阻的用处，注重与后续课程的连续性。与此同时，教师还引入了电路分析基础课程相关的前沿成果、新概念、新技术、工程案例等。其次是实验内容。课程的实践环节由原来的验证性实验升级为需要学生动手、思考、分析和评价的设计性实验和综合性实验，让学生"真刀真枪"地对实际电路进行参数测量、分析设计，在对应的原理图上完成验证、分析和评价。

3. 技术赋能，通过全链条学习过程的量化保障教与学的效果

学生的学习习惯欠佳、教学设计缺乏针对性和学生的参与度不够是电路分析基础目前教与学之间存在鸿沟的主要原因。学生的学习习惯欠佳具体表现为：没有很好的预习和复习习惯，以为听懂即学会等。由于以上一系列习惯，导致课上即使教师讲解得非常清晰，教学进度也已经放慢了，学生仍然普遍存在听

不懂的现象，学习体验感较差，其根本原因是学生的学习能力不够。

教学设计缺乏针对性、精准性。教师对学生情况关注度不够、了解不够，教学设计及实施缺乏针对性及精准性也是导致课堂教学质量不高的因素之一。学生的参与度不够。传统的教学模式以讲授为主，电路分析基础课程是部分高校考研的课程，课堂上容易出现教师"满堂灌"的现象，学生整体参与度不够，学习兴趣及积极性不高，学习效果低。为了解决教与学的落差问题，需要从"学"和"教"两方面做出努力。为了帮助学生建立良好学习习惯，我们设置了"阶梯式预习清单+5E教学设计+视频化作业"全链条学习过程帮助学生跨越能力鸿沟。课前，根据知识点掌握要求，关注学生的基本情况，结合学生的能力情况，设计了阶梯式预习清单。阶梯式预习清单设置各种不同形式、不同难度的题目，具体包括填空题、选择题、分析题、计算题、小组任务等。填空题可帮助学生挖掘核心知识点，形成思维链，培养学生的自学能力；思考简答题可帮助学生学会思考，培养学生的辨析能力和总结能力；计算分析题可帮助学生锻炼对知识的应用能力；案例分析题可循序渐进地培养学生对知识的迁移能力和工程思维意识。小组任务是难度较大、工作量较多的一类任务，需要组员之间相互配合来完成，这类题目可帮助学生提升组织能力、协调能力和表达能力等。课中利用雨课堂了解学生情况并及时调整教学进度，引导学生以小组方式进行知识点讨论、习题求解、案例分析，促使学生主动参与，实现知识内化。课后采用视频化的作业，让学生在完成作业的同时搭建对应电路并表达解题思路，在夯实基础锻炼思考的同时也加强了表达能力。教师根据视频的讲解，在了解学生学习情况的同时也可以为下一次教学设计做准备。

综上，电路分析基础课程采用全链条学习过程可帮助学生养成良好的学习习惯，提升学习力；借助超星平台和雨课堂的技术手段对学生全链条学习过程进行量化分析，并在此基础之上结合知识图谱进行针对性的教学设计，实现了课堂的高质量教学。

4. 强化实践，通过微项目的创新设置培养学生高阶思维能力

布卢姆教学目标分类理论将认知目标分为记忆、理解、应用、分析、综合、评价六个层次，其中应用、分析、综合和评价属于高级认知能力。传统讲授模

式下学生认知能力多处于记忆和理解层面，很多学生甚至不了解课程内容与实际电路之间的关系，更谈不上分析和解决问题，对学生高级认知能力的培养严重不足，很难满足新工科建设对人才素质的要求。培养学生高阶思维能力首先要培养学生多参与实验问题，给学生渗透"实验至上"的理念，这里的"实验"包括课前预习里的工程案例思考题、课上仿真实验、硬件实验、工程案例、课后实践等，以微项目的形式有效贯穿在理论学习中，落实到课前、课中和课后的整个学习过程中，在实验问题的分析中培养实践能力、分析问题和解决问题的能力。课程中教师通过微项目的引入、分析与应用在学生的心中种下了工程思维意识的种子；学生通过教师讲授、独立思考和小组讨论建立了工程思维意识。课程的实践环节由原来的验证性实验升级为设计性实验和综合性实验，让学生"真刀真枪"地对实际电路进行参数测量、分析设计，结合实际电路的原理图完成电路的检测、分析和评价。课内我们点燃了学生学习的兴趣，也把兴趣延展到了课外，课外我们鼓励优秀的学生完成相关电路的动手实践。在多个环环相扣的实践环节的驱动下，学生分析电路和设计电路的实践能力得到不断加强，这个过程对培养学生分析、综合、评价等高阶思维能力大有裨益。

5. 价值引领，通过思政元素的融入提升学生思想意识

《高等学校课程思政建设指导纲要》（以下简称《指导纲要》）指出，工学类课程要把马克思主义立场观点方法的教育与科学精神的培养结合起来，提高学生正确认识问题、分析问题和解决问题的能力。注重强化学生工程伦理教育，培养学生精益求精的工匠精神，激发学生科技报国的家国情怀和使命担当。电路分析基础作为一门重要的工程技术类课程，教师要在教学实践中落实上述要求。结合《指导纲要》，根据课程特点确立了家国情怀、科学精神、职业素养和人文素养等 4 个思政主题，每个主题包含若干思政渗透点，共计 15 个渗透点。以思政渗透点为指导，挖掘教学内容中能够体现这些渗透点的思政元素，最终形成完整的课程思政案例库。

6. 以评促学，通过过程性评价的考核破除唯分数论的误区

传统教学模式主要通过考试进行评估，学生通过期中、期末考试获得分数，

评估结果取决于考题内容和临场发挥，分数偶然性高，评价准确度低。本次教学创新改革建立了全过程、闭环反馈的评价机制，其中课堂互动（含学生互评、教师评价）占10%，线上学习占15%，实验考试占10%，阶段测试占5%，期中考试占10%，实践提升占5%，期末考试占45%。新的考核方式中增加了过程性评价，评价内容多元化、过程透明化、反馈实时化，督促学生在整个学期都在进行深层学习和理解性学习；减少终结性考试在总成绩中所占比重，学生在期末考试前只需要把一些需要记忆的基本概念复习一下即可。通过这些评价方式的革新，引导学生的学习习惯和学习过程产生根本改变，对提高学习效果有十分积极的贡献。

2.5 电路分析基础混合式教学改革案例

本部分以电路分析基础的功率因数提高这个知识点为例，从教师和学生两个角度展示"以学生为中心"的混合式教学案例的实施过程。教师和学生参与的混合式教学活动均分为课前、课中和课后三个环节。采用超星泛雅作为学生的学习资源平台，可布置课前预习视频、预习试题和预习任务等；采用雨课堂作为学生课上的互动平台，用于课上发布测试题、发弹幕、投稿等。

（一）课前学习阶段

教师通过超星泛雅线上平台发布课前预习视频、预习测试题和预习任务。学生接收任务后观看超星泛雅平台上项目微课并完成测试题，然后在线上平台进行讨论；教师课前通过超星泛雅线上平台答疑并收集学生的问题。

课前教学设计如下：
案例名称：功率因数的提高
学习方式：在线学习
学习地点：自主选择

学习目标：

知识层面

1. 学生可以了解功率因数的概念，提高功率因数的原因，提高功率因数的方法等；

2. 学生能够正确理解提高功率因数的工作原理；

3. 学生能够正确掌握提高功率因数的实现方法。

能力层面

1. 学生在预习视频和预习测试题完成的过程中，若遇到问题，可以逐步利用已有的知识对问题进行发现、分析与解决；

2. 学生在理论学习内容或实操任务内容难度超越自身掌握知识范围时，学会不断主动利用身边的资源尝试解决和学习。

素质层面

学生观看网络上家用"节电器"的广告，结合所学的知识辨析是否节电，培养学生的逻辑思辨力，通过课上讲解的相关案例，理解国家的相关政策，涵养家国情怀，培养环保意识，锻炼自己的逻辑思辨力。

案例重点：

1. 功率因数的概念；

2. 提高功率因数的原因；

3. 提高功率因数的方法。

案例难点：

1. 理解提高功率因数的工作原理；

2. 理解提高功率因数的方法。

课程学习过程

【教师活动】通过超星泛雅在线学习软件，将定时器的相关预习视频、资料、试题等文件发布给学生。

【学生活动】在课前自由选择时间，通过超星泛雅在线学习软件认真观看视频，参与预习测试题，完成课前布置任务，若有疑问可在线上平台讨论。

【教师活动】通过超星泛雅软件，将预习视频和预习任务发布给学生，预习视频所含主要知识点如下：

1. 功率因数的概念

（1）有功功率；

（2）无功功率；

（3）视在功率；

（4）功率因数；

（5）功率因数角。

2. 提高功率因数的原因

（1）提高电源设备的利用率；

（2）降低线损。

3. 提高功率因数的方法

（1）并联电容；

（2）降低了无功补偿。

4. 提高功率因数的例题

预习任务主要包括：

1. 完成发布的预习视频和预习测试题；

2. 查找生活中不同交流电器上功率标注的不同（变压器、电动机、空调器、洗衣机、电灯泡等），思考正弦稳态电路中为什么有多种功率标注形式；

3. 布置学生查找我国电力企业的负载、企业目标功率因数和我国电力定价的相关资料。

【学生活动】在课后自由选择时间，通过超星泛雅在线平台认真观看，直至学会，若有疑问可在线上平台参与讨论或记录下来。

【教师活动】通过超星泛雅在线学习软件，将预习测试发布给学生。其内容如下：

1. 有功功率的定义是（　　），单位是（　　）。

2. 无功功率的定义是（　　），单位是（　　）。

3. 视在功率的定义是（　　），单位是（　　）。

4. 功率因数的定义是（　　）。

5. 在 RLC 串联电路中，消耗有功功率的元件是（　　）。

A. L 和 C   B. L   C. C   D. R

6. 在 RLC 串联电路中，按照关联参考方向，电流与电阻电压、电感电压和电容电压的相量如图4，则此电路的性质为（   ）。

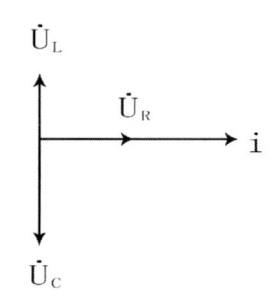

图 4 题 6 电路图

A. 感性   B. 容性   C. 阻性   D. 不能确定

7. 图 5 示两条曲线的相位差为（   ）。

A. 90 度   B. 120 度   C. -120 度   D. 180 度

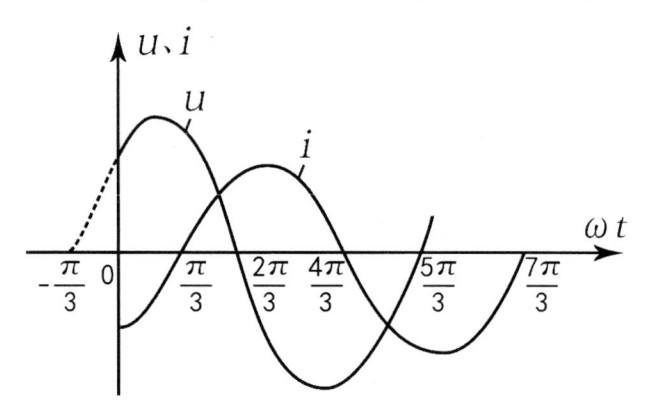

图 5 题 7 电路图

8. 在正弦稳态交流电路中，哪种元件一定对外发出无功功率？（   ）

A. 电源   B. 电阻   C. L 和 C   D. 电容

9. 电感 L "占有"的无功功率是（   ）。

A. L B. WC C. WLI^2 D. $-WLI^2$

10. 电容 C "占有"的无功功率是（   ）。

A. C B. ωC C. $-\dfrac{1}{\omega c}I^2$ D. $\dfrac{1}{\omega c}I^2$

【学生活动】 在课后自由选择时间，通过超星泛雅软件进行认真学习，若有疑问可以随时向教师提问或记录下来。

【教师活动】 教师发布完相关任务后还需要结合线上平台统计学生的课前讨论，例如，本案例中，学生的提问集中在了以下问题上：(1) 功率因数提高的话，是并联一个电容就可以了吗？(2) 为什么提高电容就可以提高功率因数了呢？(3) 视频中提到并联合适的电容，这个合适的标准是什么？教师可以就平台上的讨论，设计下节课的重点，如并联电容是如何实现电路功率因数的提高的？并联合适的电容的标准是什么？确定了课程的重点后可以展开相关教学设计，在进行教学设计时，教师需要考虑课程本身距离实际应用较远，以培养应用型人才为目标的课程进行设计时需要注意联系企业实际，让学生了解知识从哪里来到哪里去，另外，教学设计需要注意多角度引导学生理解重点知识，具体关于本知识点的教学设计见下面的案例介绍。

【学生活动】 学生课前接收任务，完成指定预习视频并完成相关预习题目，结合预习的内容和实践调查任务会有一些思考和疑问，并把这些思考发布在线上平台讨论区。

（二）课中学习阶段

本次教学案例的教学设计如下所示：

学习目标：

知识目标

1. 能够正确理解功率因数的定义；
2. 能够正确理解提高功率因数的原因；
3. 能够正确理解家用节电器的模型及其功率因数提高的分析；
4. 能够正确理解功率因数提高的方法。

能力目标

1. 能完成基于仿真软件的功率因数提高的验证；
2. 能完成查找功率因数提高的相关资料。

素质目标

1. 提升自己的逻辑思辨力；
2. 具有决策能力,能查找、收集、处理定时器或计数器相关题目的信息资料；
3. 培养学生的科学精神，探究精神；
4. 增强学生对国家的认同感；
5. 培养学生环保意识。

学习重点：

1. 提高功率因数的原因；
2. 提高功率因数的方法。

学习难点：

1. 提高功率因数的原因；
2. 提高功率因数的方法。

教学环节

回忆旧知识并导入课程

【教师活动】带领学生回忆上节课的内容，具体包括：无功功率的定义及含义，有功功率的定义及含义，视在功率的定义及含义，交流电路中的有功功率与直流电路中的有功功率的区别。通过网红产品"节电器"的一段视频引入新课。

【学生活动】紧跟教师的思路，回忆旧知识，通过案例导入进入新课。

新知识引入

【教师活动】通过与学生一起观看视频，总结视频结论，具体结论如下：

- 工作电流明显降低；
- 负载的工作电流明显降低；
- 功率因数明显改善；

结合所学内容，梳理三个问题，如下：

Q1：节电器是要减小哪种功率？

Q2：提高功率因数有什么用？

Q3：节电器本质是什么？真的有用吗？

【学生活动】通过教师的提问，结合上节课的内容，直接回答第一个问题，即节电器减小的是有功功率，课堂直接进入第二个问题。

激活旧知识

【教师活动】教师讲解提高功率因数的原因，具体原因如下：

1. 对电源的影响：提高设备的利用率

电力部门需要通过电源和输电线对负载进行供电，电源的容量 S_N 通常为固定值，电源输出的有功功率为电源容量与功率因数的乘积，即 $P = S_N \cos\varphi$，在容量一定的前提下，显然功率因数越大，电源输出的有功功率就越大，而这对电力部门意味着可以带更多的负载，是比较划算的。当然教师也可以结合数据说明，功率因数对电源输出的有功功率的影响，如假设电源的固定容量为100千伏安，如果电路的功率因数为1，那么电源可以输出100瓦的有功功率，但是如果只是功率因数降低为0.5的话，那么同样的电源只能输出50瓦的有功功率了。对于电力部门，当然希望同一台设备能输出的有功功率更大，因此，提高功率因数对电源的影响就是可以提高设备的利用率。

2. 对输电线的影响：可以降低线损

先假设输电线的等效负载为r，如果用户已经购买了某一个负载，比如用户已经购买了一个40瓦的灯管，那么这个灯管的有功功率就是40，是一个固定值，灯管的电压是220，也是一个固定值，结合负载的有功功率表达式，可知，功率因数越低，流过负载的电流I就越大，这个较大的电流流过输电线等负载r，就会产生一个 I^2r 的功率损耗，这些功率损耗可以累积为输电线线损。显而易见，功率因数越低，输电线线损就越大。因而提高功率因数就可以降低线损。

尤其对于我国这样一个处于快速发展的大国，近几年的发电量较大，每年的线损率也相对较高，这就意味着每年的电能损失也较大，这对我国的高质量可持续发展极为不利，因此提高功率因数势在必行。

教师可以结合数据说明我国由于功率因数较高造成的电能损失来帮助学生理解国家相关政策的制定，从而增强学生的国家认同感。

教师可以继续紧密联系国家实际政策，表明我国相关部门把对不同企业的不同功率因数标准写进了相关的文件里，从而可以解释课程开始的视频里"为什么提高功率因数就可以受到奖励"的问题。教师可以就相关文件里的一个功率因数标准，例如 0.9，展开详细的解释。假设某企业的功率因数标准为 0.9，如果该企业的实际功率因数超过了 0.9，那么国家要对该企业实施电费减少的奖励措施，而如果该企业的实际功率因数低于 0.9，那么国家要对该企业实施电费增收的惩罚措施。因此，课程开始的视频中某企业因为提高功率因数而受到了奖励就很容易理解了。教师顺势提问："如果提高功率因数可以受到奖励的话，那么如何才能提高功率因数呢？"从而引出下一个问题。

从以上两个角度帮助学生理解为什么要提高功率因数，并且联系企业解决课程理论脱离实际相对抽象的问题，另外，由于讲解的过程中联系了企业，因此在实际课程教学中很能抓住学生的注意力。

【学生活动】在教师的带领下理解国家相关政策的制定。

深入探究

【教师活动】教师提问：节电器的本质是什么？真的有用吗？

【教师活动】教师带领学生进入下一环节。如何让定时器产生 250 微秒的定时呢？需要结合定时器的工作原理，具体知识点如下：

1. 家用节电器建立电路模型；
2. 结合相量图分析节电器的工作原理；
3. 得出结论，同时驳斥节电器视频其中的一个观点。

【教师活动】教师布置任务：请大家分别画出不同电容并联在感性负载两端的电路相量图。

【学生活动】学生参与任务完成，通过雨课堂投稿。

实践闭环

【教师活动】教师结合电灯布置任务：请大家结合现有的参数给电灯建立电路模型。

【学生活动】学生完成任务，通过雨课堂投稿。

【教师活动】教师总结得出电灯的电路模型并同时提问：并联电容后，负载支路电流一定减小吗？功率因数一定提高吗？

【学生活动】学生组内讨论，参与课堂的问题。

【教师活动】教师结合Multisim给电灯的电路模型并联不同的电容，并展示给学生，提问：可以得出什么结论？

【学生活动】学生组内讨论，参与课堂的问题。

【教师活动】教师综合学生的讨论并得出结论：负载的工作电流明显降低。

【教师活动】教师结合相量图分析上述现象的原因，并同时提问：节电器真的有用吗？

【学生活动】学生组内讨论，参与课堂的互动题。

【教师活动】教师总结，具体总结结论如下：

1. 家用节电器的本质：电容器；

2. 家用节电器能够减少主线路电流；

3. 提高功率因数（民用电不以功率因数收费）；

4. 精确提高功率因数——在感性负载上并联适当大小的电容。

【教师活动】教师进阶提问：家庭、工业用电到底该如何节能——提高功率因数？教师结合相量图分析，具体知识点如下：

1. 相量图分析并联电容提高功率因数的本质；

2. 与感性负载匹配的电容值的确定。

【学生活动】学生组内讨论，参与课堂的互动题。

【教师活动】教师进阶拓展：家用节电器的能效标识的含义。具体知识点如下：

1. 家用电器的能效标识的含义；

2. 家用电器的能效标识的本质是功率因数的提高；

3. 推送家用电器功率因数的相关科研论文。

【教师活动】教师进阶拓展：应用实践与例题。相关题目为：以 104 升单门冰箱的 QF-21-93 型压缩机为例，功率因数为 0.475，P=115W，在使用时，电源提供的电流有效值是多少？欲使功率因数达到 0.95，需并联的电容器的电容值是多少？家用电器的例题考察的知识点如下：

1. 电源电流的有效值计算；
2. 提高功率因数应并联电容值的计算。

【学生活动】学生组内讨论，参与课堂的互动题。

【教师活动】教师布置任务：结合今天讲的理论和课前的企业调查情况，组内讨论有无问题，有问题可以举手。

【学生活动】学生组内讨论，参与课堂的互动题，并提问：课前企业调查显示企业的负载一直在不断变化，课中分析的负载不变，这种情况如何处理？

【教师活动】教师带领拓展——走进实际的变电站。通过播放视频，引入智能无功功率补偿器实现对企业变化负载的补偿。

【学生活动】学生跟随视频学习。

贯通掌握

【教师活动】教师进阶拓展：应用实践与例题。相关题目为：某工业用户变压器容量为 S9-200KVA，2021 年 7 月消耗有功电量为 50000kW•h，无功电量为 59000kW•h，电价为 0.6 元 /kW•h。该企业的功率因数是多少？以功率因数 0.9 为基准分析该用户负载功率因数提高到 0.95，每月可节省多少电费？企业变压器的例题考察的知识点如下：

1. 企业的功率因数计算；
2. 提高企业功率因数应并联电容值的计算。

【学生活动】学生组内讨论，参与课堂的互动题。

总结引申

【教师活动】 教师总结功率因数的内容要点并布置作业题，内容要点具体包括：

1. 功率因数的概念及意义；
2. 提高功率因数的意义：提高电源的利用率和降低线损；
3. 如何提高功率因数：在感性负载两端并联适当的电容器。

作业题具体包括：

1. 基础题；
2. 仿真验证题目；
3. 思考题目：请大家结合相量图分析，给感性负载串联电容能否提高功率因数？

（三）课后学习阶段

学习目标：

能力目标

学生在完成理论学习的基础上，能够灵活应用所学知识，将课中的进阶提升应用于仿真软件，逐步提升其解决复杂问题时的分解能力和创新思维能力。

素质目标

学生通过对课中存在的问题进行回顾与反思，巩固学习成果，提高分析课程内容的能力，逐步提高思维能力和逻辑分析能力。

学习重点：

对课程理论知识的重难点进行深入理解与复盘。

学习难点：

对课程理论知识的重难点进行深入理解并应用到实际电路中。

学习环节：

1. 课中环节的回顾与反思

（1）在培养思维能力的过程中，学生的思维相对发散，不能做到抓主要矛盾；

(2) 复数计算能力有待提高；

(3) 学生对国家政策的关注度不够；

(4) 学生过度依赖教师，没有主动解决问题的意识；

(5) 仿真软件的调试能力还有待提高；

(6) 预习做得不到位以至于课上问题较多，一节线下课的进度完不成。

【教师活动】 就巡视期间遇到的各种问题进行原理性解释与实际解决。

2. 学生团队协作完成任务

【学生活动】 在线上平台认真完成进阶作业，并提交。

【学生活动】 认真完成企业功率因数提高的标准和补偿方法及其原因任务的调查与反馈，并以小组为单位进行汇报。

3. 师生在线研讨

【教师活动】 开放在线交流平台，例如 QQ、微信等。

【学生活动】 就本次实训前后自己未解决的困惑，或者对本次实训教学的建议与意见，通过在线交流平台与教师进一步研讨。

【教师活动】 在超星泛雅线上平台批改作业，并与有问题的学生一对一沟通，将集中的问题收集反馈到线下课堂。

【学生活动】 有问题与教师一对一沟通。

2.6 电路分析基础混合式教学反思与推广

（一）电路分析基础混合式教学反思

电路分析基础是电类学科的灵魂和信仰。通过认真准备、精心组织，在授课中增加了相关的案例内容，让知识不再抽象，案例可以是企业实际，也可以是学生身边或生活中常见的现象等。案例教学使得学生们上课的注意力和活跃性明显增加了，也促成了课程教学目标的实现，达到了比较满意的效果。课程教学改革的反思有值得肯定之处也有不足之处。值得肯定之处具体为：

1. 每个小组负责一个章节案例探究并展示探究成果。案例探究激发了学生的学习兴趣，培养了学生的探索精神，在解决案例的过程中以小组为单位进行，每位学生思考的角度不同，通过讨论、查阅等形式最终完成案例探究的同时以也锻炼了学生们团结协作的精神。

2. 与现实生活密切联系的工程案例不仅提升了学生们的家国情怀，也培养了学生精益求精的工匠精神。

3. 通过科学思维方法的训练和科学伦理的教育，培养了学生探索未知、追求真理、勇攀科学高峰的责任感和使命感。

但是通过课程的教学改革实践也反映出一些问题，需要继续改进，具体为：

1. 互动环节中，有的学生提问非常详细，这就对展示组的学生提出了更高的要求，同时这也对教师的备课环节提出了更高更细的要求。课上学生解题的方法和手段多种多样，有些是对的，有些是错的，也对教师提出了高要求，平时要精心钻研业务，在课上要能够一针见血地指出对错，避免课上做出错误的判断，或者耽误太多时间。

2. 课程工程案例和思政案例可多用身边的事，让学生们更能感同身受，同时也能提醒学生多关注实时热点，多关注身边的人和事。不同章节的课程思政点虽然是确定的，但对应的事例在不同的教学班可以采用适合学生专业属性的事例。选用的工程案例和思政案例应不仅具有代表性，还应该与时俱进，更贴近学生的生活。

（二）电路分析基础混合式教学模式推广

电路分析基础课程的教学模式为其他同类应用型院校提供了借鉴，主要总结为以下模式。

1. 电路分析基础的混合式教学改革实现了"第一课堂"与"第二课堂"结合，有效激发学生学习的内驱力，培养学生的创新能力。由于课程学时较少，将"第一课堂"有效延伸到"第二课堂"，实现联动效应，激发学生学习的内驱力，培养学生的创新能力。教师深耕"第一课堂"，拓展"第二课堂"，积极开展与课程相关的系列讲座和学生科学实践，有效激发学生学习的内驱力，培养学生的创新能力。

2. 电路分析基础的混合式教学改革实现了线下与线上教学资源相结合，拓展知识的深度和广度。为了弥补课时不足和学生业余时间学习内容的发散性，围绕课程核心知识点录制微课视频，在学习通平台进行课程建设，充分发挥各模块功能，及时更新课程教学资源库、习题库、案例库，力求"常讲常新、有血有肉"。同时向学生推荐慕课学习资源，满足学生线上学习的不同需求。

3. 电路分析基础的混合式教学改革实现了传统教学模式与现代信息技术相结合，实施"三精准"教学。结合现代信息技术，根据新工科背景对新时代教育工作提出的新要求，探索符合我校人才培养需要的教学模式，即构建了基于 PBL 教学理念的"三阶段+BOPPPS+多环反馈"的线上线下教学模式。设计课内课外"新"活动，实施"三精准"教学。

课前：学生完成线上自主学习任务，分析线上统计数据，聚焦真实学情，走向精准备课。

课中：借助学习通平台，精准组织教学。通过学习平台进行随堂练习、抢答、主题讨论、问题投票、问卷等功能丰富课堂活动，引导学生全程全员参与互动。

课后：落实以生为本，实施线上精准辅导。通过学习通平台统计数据分析，对学生线上自学活动及作业完成情况等进行及时反馈，有针对性地进行辅导。

结合学习通平台全面丰富的学习资源，课前的线上自学部分完成基础入门知识的学习，取代了"大班授课"；课堂教学采用 5E 模式精准组织教学，利用"小班讨论"，营造自主、合作、探究式学习环境，加强师生互动、生生互动，让课堂活起来；课后教师对教学活动进行反思，持续改进。引入多环反馈机制，通过融入高阶教学活动，做到全过程全方位提升学生综合能力。

针对课程评价方式单一的问题，构建以过程评价与能力培养为导向的多元化课程考核评价体系，把学生对知识点的掌握程度、运用能力、综合素质等纳入考核指标，促进学生专业知识和思想道德修养水平的同步提升。细化各环节过程考核标准，每个考核点都融入相应的思政元素，使课程思政教学目标落到实处。根据平台学生的学习过程、作业等数据分析及时反馈，对学生形成有力引导，动态改进教学策略，增强评价的双促进双提升的作用。电路分析基础把课程考核分为过程性考核（50%）和终结性考核（50%），其中过程性考核包含线上考核、雨课堂考核、课堂研讨、小组项目、实验考核，主要考查学生的知识水平、理解能力、学习态度、诚信品质等，终结性考核以期末试卷考核为主，主要考查学生运用知识分析研究、解决问题的能力。

第 3 章　单片机原理及接口技术教学改革

3.1 单片机原理及接口技术课程教学改革的相关理念

3.1.1 新工科

"新工科"这一概念的首次提出，要追溯到一篇名为《加快发展和建设新工科　主动适应和引领新经济》文章的发表，文章作者在文章中提出了我国的新经济发展需要大量新型工程科技人才予以支持的观点，首次正式提出"新工科"的概念。该文一发表就受到了广大高等工程教育者的广泛关注。2017 年 2 月 18 日，教育部在复旦大学召开高等工程教育发展战略研讨会，会议重点讨论了"新工科"的基本含义和其建设的途径，并达成了一系有关"新工科"的共识，并把这次会议达成的重要共识称作"复旦共识"。2017 年 2 月 20 日教育部发布了《关于开展新工科研究与实践的通知》，可以说是凝练了"复旦共识"的成果，规定了新工科的主要研究内容，基本概括了新工科的建设内涵。2017 年 4 月 8 日，教育部在天津大学召开新工科建设研讨会，参会的各高校代表共同讨论了如何进行新工科的建设并达成一致意见，此次会议行动被称作"天大行动"。2017 年 6 月 9 日，新工科研究与实践专家组成立暨第一次工作会议在北京召开，会议通过了《新工科研究与实践项目指南》，对国内高校进行新工科建设提出了指导性意见。

新工科背景下人才培养改革的主要方向是"以学生为中心"，这也是当前我国高等教育改革的核心理念。近年来，"互联网+"推动了国内新经济的繁荣发展，对工程人才的要求日益提高，使得高校工程教育的改革已经迫在眉睫。

在新工科建设背景下，高校课程应着力于提高教学质量，通过课程改革，实现理论知识教学与新工科专业教育的紧密关联。本研究通过发挥新工科理念的指导作用，以单片机原理及应用教育改革推动工科人才培养质量的提升。单片机原理及接口技术课程是高校电类专业的一门必修课，同时也是现代自动控制系统的核心课程之一，具有较强的工程技术性和实用性。课程本身也完全契合了新工科建设的宗旨——主动应对新一轮科技革命与产业变革，支撑服务创新驱动发展、"中国制造 2025"等一系列国家战略。

3.1.2 项目化学习

项目化学习（Project-Based Learning，简称 PBL）源于杜威"做中学"（learning by doing）的教育思想。杜威认为学生应从教学活动中学习，从经验中学习。1918 年，杜威的学生克伯屈首次提出"项目化学习"的概念。

项目化学习的定义在国外有以下几种说法：2008 年，巴克教育研究所将其定义为学生对一个复杂、真实、有吸引力的问题的探究活动，在完成探究活动，推进项目任务和完成项目作品的过程中，完成掌握重点知识和技能。2015 年，马卡姆将其定义为一种教学模式，在教师的指导下，学生对真实情境的复杂项目进行长期的、开放性的一种探究。2022 年，博斯将其定义为学生对开放性问题展开的一种探究活动，在解决问题的过程中，学生需要运用已有知识或不断汲取新知，以解决实际问题并在此过程中提升自己的各项能力。

在 20 世纪末国内引入项目化学习的概念后，国内项目化学习的相关研究才逐渐丰富起来。对于项目化学习的内涵，国内许多学者基于国外的主流定义进行了一番本土化的解读。其中，夏雪梅在 2018 年将其定义为学生在一段时间内围绕驱动性问题所进行的深入的持续的探索，学生在调动已有知识创造性地解决问题和产生成果的过程中，形成对核心知识的深刻理解，并最终将这样的理解迁移到新的情境中去。

项目化学习方法是一种注重知识的多样化和建构化，注重学生将实践和理论联系起来的一种教学方式，它产生于建构主义思想和实用主义教育思想，并与学生协作学习的理论相结合，目前已经推广至我国各类教育和学科领域中。

项目化学习方法改善了以往的教学中理论与实践相脱节的弊端，通过项目式教学培养了学生的自主学习能力、实践能力和团队协作能力等。项目化学习也是以引导学生最终对知识深入理解为目的的一种方法，它密切关注学生，与"以学生为中心"的思想一致。

3.1.3 建构主义

建构主义理论最核心的观点在于：学习者对知识的获取不是被动地接受，而是由认知主体建构的。建构主义者认为学生学习的过程是基于自己以往的经验产生的。每个人对事物都有自己的认知和理解方式，不同的人面对同样的事物可能会有不同的反应，这是因为每个人已有的知识经验背景不同，当他接收新事物时会在自己已有的新旧知识之间进行连接，在原有的知识基础之上对新事物按照自己的理解方式进行吸收消化，建构自己的理解。

基于建构主义的学习理论指导如下：(1) 了解和重视学生已有的知识经验和知识基础。学生学习新知识也是在自己原有的知识基础之上不断建构完成的，因此教师应关注学生原有的知识基础，只关注课程知识而不关注学生基础的课程是无效的。教师可以通过调查问卷、访谈等形式了解学生，整个教学过程要重视学生的知识基础，并在此基础之上进行教学设计、引入新知识，帮助学生建构新的知识和方法。(2) 充分调动学生的主观能动性。在教学过程中，学生是学习的主体。学生对于新的知识都有好奇心和求知欲，教学过程中，教师可以利用它充分调动学生的主观能动性，让学生主动地去获取知识。(3) 教师要充分发挥引导者和帮助者的身份作用。教师在整个教学的过程中处于一个引导者的地位，对于学生是引导和指导，在了解了学生的知识基础和调动学生的积极性之后，应根据不学生生的特点给予相应的指导，坚持以学生为中心，帮助学生完成知识的建构。

3.1.4 协作理论

协作学习（Collaborative Learning）是通过组内部成员之间的合作共同

完成学习目标的一种学习方式。协作学习的最大的优点是，为完成学习目标服务组内的成员可以发挥自己的特长，并且组内的成员之间可以取长补短，通过成员相互交流共享自己有价值的信息和资料助力学习目标的完成。

北华航天工业学院的单片机原理及接口技术以新工科为背景，基于建构主义采用项目化学习，以学生为中心，以组为单位协作，进行了课程的教学改革。

3.2 单片机原理与接口技术教学现状及问题分析

3.2.1 单片机原理与接口技术教学现状调查

单片机原理与接口技术是电类专业的核心课程，授课对象是电子、通信、自动化等专业的大三学生，每年选课人数大约为 1000 人。2002 年，首先在电子信息工程专业开设此课程，课程共 48 学时，其中理论 34 学时，实验 14 学时，经过多年的建设，课程体系和教学内容基本完善，实验教学设施完备，师资队伍素质过硬，逐渐形成了单片机理论与实践相结合、强化实践与应用的课程特色。课程自 2004 年起即成为电子、电气类相关专业重要的专业基础课程，是将专业基础知识与工程实践、电子系统设计结合起来的综合应用型课程，也是最能凸显应用型人才培养目标的课程。

单片机原理与接口技术课程是学生完成 C 语言程序设计、电子线路 CAD 等课程后进行的，是理论与实践相结合的重要课程。现有的单片机原理与接口技术教学主要以传统的教学模式为基础，理论部分以讲授为主，实验部分利用实验室单片机实验箱和软件仿真平台来开展教学。

3.2.2 单片机原理与接口技术教学存在的问题

由于单片机广泛应用于智能仪器仪表、工业控制和家用电器等领域，所以大多高校的相关专业都开设了单片机系列课程。这门课程是程序语言、串口通信、模拟电路和数字电路等知识的综合运用，是一门理论性、技术性、工程性和实践性都很强的课程。作为计算机类、电子类、机电类等专业的必修课之一，良好的授课效果对提高学生的工程素质及职业技能有重要意义。

目前单片机课程教学存在的问题。

（1）教材内容和工程实践脱节，学生没有实操的锻炼，造成课程高阶能力培养不足。

由于单片机课程涉及硬件电路设计和软件设计两方面的内容，学生必须在熟练掌握单片机硬件结构和指令系统的基础上才能学会系统设计，这使得单片机课程理论内容多、信息量大。虽然单片机课程是操作性、实践性较强的课程，但由于整体学时有限，所以在传统的教学方式中多以教师课堂讲授为主体，以理论知识为目标，学时安排上会以理论课为主，实践课为辅，如48学时的单片机课程只有10学时实验。教师的教学方法通常以讲授为主，缺乏直观形象的实际操作，导致学生普遍认为单片机的课程非常难学。

传统教学过程中通常讲与练分开，实验教学一般在"汇编语言设计"讲完之后开始进行，而且由于实验室资源有限，理论到实践总会有一定时间的延迟，不易于学生及时掌握知识点。学生实际在实验箱上接触的机会少、操作的时间少，导致实践能力不足，高阶能力培养更是无从谈起。

（2）课程内容抽象，学生知识不足，缺乏迁移能力，导致课程挑战度不够。目前，大多数高校的单片机教学都是采用先基础后应用的模式，按照单片机硬件结构、指令系统、汇编语言程序设计、外部系统扩展、接口技术和应用系统设计的架构进行课程设计，这种方法虽然保证了教学过程的连贯性，但存在着内容抽象、学生思考不深入的弊端，讲硬件时学生看不见摸不到、讲软件时学生不知如何应用，各个知识点呈现碎片化，在学生不具备融会贯通的能力时无法形成单片机系统设计的观念。

目前在单片机课程的学情调查中发现存在的问题有：学生有很强的学习欲望，但是对纯理论的课程内容感觉枯燥无味；学生的水平参差不齐，少部分学生已经获得了专业类科技竞赛国家级奖，部分学生课前没接触过单片机的内容，这成为本课程教学的一个难点；学生对于实践比较感兴趣，但是动手能力有待提高；有的学生想要课程成绩达到优秀，有的学生只想满足最低的及格条件等。在单片机原理与接口技术课程的教学过程中，学生在学习中面临的一系列问题构成了课程改革的核心挑战。

首先,经过课前对学生的问卷调查和教室的访谈结果显示:学生学习兴趣和动机不足。这一现象在一定程度上反映了单片机原理与接口技术课程的理论深度与其对学生吸引力之间的矛盾。由于课程内容相对抽象,对部分学生而言显得较为难懂。理论课程的枯燥和难度的增大,导致学生挫败和不知所措,进而产生畏难心理,降低了学习兴趣和内在动力,影响了他们课堂的参与度和课下主动学习的意愿,从而抑制了其学习的主动性。

其次,知识迁移与实践能力的欠缺是一个显著问题,它凸显了当前单片机原理与接口技术课程在理论与实践相结合方面的不足。尽管学生们能够系统地学习到单片机原理的基础知识,但由于各种原因导致在课程的实际相关实践中,例如在应用接口技术和调试电路、故障排查与维修等任务面前,他们往往无法正确地运用所学知识去解决实际问题。说明课程在讲授的过程中可能过于偏重理论知识的讲解,在实践环节的应用与拓展上明显不足,导致了理论与实践之间出现了明显的割裂。

最后,自主学习与合作学习能力的不足也是本课程中一个不能被忽视的短板。课程要求学生具备一定的自学能力,课前能够预习,课后能够梳理知识点并动手实践,不少学生在课外学习时间的安排上表现得力不从心。此外,虽然电子技术领域要求从业者需具备良好的团队协作精神,但学生们在面对复杂项目或者模拟实际工作场景时,缺乏足够的团队合作训练,导致他们在共同协作、解决问题和分享思路等方面的能力相对较弱。

(3)教学方式单一陈旧,学生外化不足,导致课程缺乏创造力和创新性。传统教学过程中由于授课知识点多、内容复杂,课堂传授和学生内化很难在有限的学时内完成,教师往往没有时间开展课堂活动,仍是以灌输式为主,教学形式比较单一。单调的教学形式、紧张的课程节奏、抽象的概念和繁杂的指令往往会使学生的学习兴趣和积极性大打折扣,严重影响课程的教学质量和教学效果。

(4)教学反馈不及时不精准,学生自驱力弱,导致"教-学-评"没有有效促进教学。

教学反馈是指教师在课堂上以语言为主要媒介的一种回应,包括教师的判断、言语的回应、觉察反馈是否恰当三个部分。教学反馈力即教师的一种言语素养和回应素养。教学反馈引导着教师和学生后续的课堂表现。教师可以通过反馈了解学生课堂知识的掌握程度，及时调整当下的授课进度和方式。此外，学生也可以反馈在课堂内容学习的过程中存在的问题。师生可以在教学反馈的交流中了解彼此，收获对彼此的信任。

传统的单片机原理与接口技术课堂学生多、课时少，教师在课堂上忙于"赶进度"以及对知识传授，一味地单相进行知识输出。教学反馈会在期中的座谈上进行，这样的现状不利于培养学生的深度学习能力。在教学反馈方面存在以下几个问题：

首先，本课程教师的反馈内容更多的是关注课程知识点的学习和课上学生的表现，忽视了学生回答背后的思维过程。实际上，教师在与学生进行互动的过程中，学生只要提供了回答，无论对错，这背后都有一定的思维过程。教师只有关注了学生背后的思维形成，才有利于学生思维的提升。

其次，教师在教学反馈时通常关注的可能是知识点和教学任务的达成，常常忽视对学生情感的关注。课堂本身是一个情感交流的空间，教师在课堂上的情感会直接影响学生的课堂体验。课堂同时还是一个由多人组成的学习场所，教师如果只顾讲课或者只关注部分学生的接受的进度，忽视学生的情感反馈，会给学生带来消极的情感体验，这将直接影响学生的听课情绪，间接影响学生课堂参与的积极性。

最后，教师很难进行个性化的教学反馈。在单片机原理与接口技术实际教学过程中，教师关注集体反馈较多，很难对有不同需求的学生开展有个性化的反馈。学生的基础不同，生长背景不同，会有不同的需求，而教学过程是一个师生合作对话交流的过程，在这个对话过程中，教师的反馈对学生的学习至关重要。如果一个课程的教学中，学生不愿或不能表达出自己的个性化需求或者需求得不到满足的话，课程的教学就会成为一个单向的输出的活动，教学效果也可想而知。

3.3 单片机原理与接口技术教学改革策略

3.3.1 单片机原理与接口技术教学改革理念

单片机原理与接口技术课程的教学改革以学生为中心，以新工科为背景，通过项目化教学，从教学内容的更新、教学方法的改进、课程思政元素的融入等多个方面进行。

单片机原理与接口技术课程设计了"一体三翼四层"的课程内容体系。单片机原理与接口技术包含了单片机的分类和性能分析、单片机的工作原理及内部结构、单片机指令系统及程序设计、单片机中断系统、单片机的定时器/计数器、单片机的串行通信、单片机 I/O 口扩展及接口技术、单片机模拟量输入/输出通道和单片机应用系统设计等九个部分，涵盖了单片机的基本知识和原理、单片机内部资源的应用和单片机的综合应用三个层次。以单片机的基本知识和原理组成基础翼，以单片机内部资源的应用作为应用翼，以单片机的综合研究作为拓展翼，"三翼"按能力分为四个层次：基础技能，设计能力，综合应用能力和实践创新能力，"三翼"融思政于一体，实现知识、能力和素质的有机融合。

不断将科研成果、竞赛和工程实践融入教学内容，在内容上体现创新性，能力上体现挑战度，拓展上体现高阶性。例如，介绍单片机的串行通信时引入了横向课题"三分量电磁感应接收传感器技术研究"的内容，让学生分组动手实现无人机与传感器的软通信；同时拓展 5G 无线通信技术的问题与展望。

结合教学内容引入思政元素。如结合蓝桥杯竞赛的国产芯片 IAP15F2K61S2 介绍我国芯片的发展状况，激励学生努力学习，提升内驱力。

针对课程内容抽象，设计了"7+19"两级项目，7 个项目涵盖全部知识点，19 个任务相互独立、前后关联、由易到难。以解决实际问题为驱动，通过实践促使学生参与课堂，深度思考，通过由易到难的任务培养学生迁移能力，提升课程挑战度。

目前单片机原理与接口技术课程在超星泛雅平台上已建设完成线上教学视

频、习题、实验指导、教学课件等基本教学资料，供学生线上学习、讨论、测试等。

课堂上通过"案例引入－教师提问－激活旧知－展示新知－应用练习－贯通掌握－总结引申"七步进阶式理论实践双闭环能够实现基于案例的理论闭环学习与基于口袋开发板的实践闭环学习。

通过课内与课外结合，持续有效激发学生的创新能力；线下与线上结合，拓展课程的深度和广度；课堂与信息技术结合，实施"三精准"教学。

学生完成线上任务，分析线上统计数据，聚焦真实学情，走向课前精准备课。借助雨课堂，课中精准组织教学，通过多个交互设计和实践环节，引导学生全程全员参与互动。

课后分析每节课平台数据，对学生线上情况及时反馈，实施精准辅导。

3.3.2 单片机原理与接口技术的教学资源

以省级实验教学中心为依托，单片机原理与接口技术为学生学习提供了一站式的学习资源。教学资源包括课程大纲、电子教案、多媒体课件、实践知识扩展、仪器使用指导视频、常用软件工具和资料下载等，还不定期地更新学生科技竞赛相关新闻、通知，以及优秀互联网学习资源链接。

为补充课内实验、实践教学平台，支撑学生课外科技活动，培养学生创新创业意识，建设了运行顺畅、设备齐全、功能完善的大学生"知行"创新实验室。"知行"创新实验室体现知行合一，为学生课外科技活动提供技术上先进、数量上充足、功能上完备的常用仪器设备及部分高端测试设备。该实验室全天候向学生开放，并完全由学生自主管理，主要用于学生的日常培训及开展各种学科竞赛，以培养学生的实际应用能力和创新意识。

单片机原理及接口技术于 2018 学年第一学期在超星泛雅开始运行，线上课程资源包括 140 个教学视频（视频总时长 1132 分钟）、488 个课程资料，还包括多媒体课件、习题库、试题库、课程拓展案例、软件安装、应用设计和相关比赛介绍等。

单片机原理及接口技术是较早开展线上线下混合式教学等现代化教学改革

的课程。课程在学习通平台建设了 SPOC 课程，面向校内开展混合式教学。截至目前，累计选课人数达 5471 人，浏览量 853 万次。

将课程的内容进行深度拆解，将知识模块化处理，构建了线上线下混合式教学框架。教师要在课前布置学习任务和线上学习资源，引导学生开展预习；学生及时接受预习任务，自主完成线上学习和检测，并且提出问题进行交流讨论，完成预习。

在学生完成慕课学习基础上，课中教师借助学习通、雨课堂等工具，采用"精讲多练"的方式，聚焦于分析计算、电路设计、综合应用等核心知识，通过案例教学、理实结合、课堂演练和翻转课堂等激发学生学习兴趣和潜能；学生带着问题进课堂，通过小组讨论、独立思考、合作探究等方法参与其中完成深入学习。

课后教师布置任务帮助学生巩固、拓展和提升，完成整个教学过程。

3.3.3 单片机原理与接口技术教学案例

基于新工科理念的单片机原理与接口技术项目化，教学改革需要遵守"项目引入-制定方案-具体实施-过程检查-修正完善-评估检测"流程，从而使学生能够在项目中学习，使学生学习的内容能与工程实际相结合，提高学生的学习兴趣，在知识应用层面勇于探索，在学习中激发新思路，提高自主学习能力。

从单片机原理与接口技术课程的教学目标和学生特点出发，采用项目式的教学模式作为教学策略。在领取任务后，实施过程中以学生为中心，教师为主导，以小组讨论为主题展开项目式教学的推进，让学生带着口袋实验室参与到课程教学中，学完即用，让学生成为课堂的主体，将所学理论知识即时地应用到接下来的操作中，达到教学目标。

单片机原理与接口技术综合考虑学校办学定位、行业需求、认证标准确定专业的毕业要求等要求，由毕业要求确定课程目标，由课程目标确定课程内容及具体的教学模式与方法，最后通过设计课程考核方式，计算达成度来评价是否完成课程目标，最终完成本课程的教学设计。

一、课程目标

在根据"培养高水平应用型人才"的办学定位、行业需求、认证标准确定毕业要求后,确定了单片机原理与接口技术课程的课程目标,课程目标涵盖了对学生知识、能力和素质方面的要求,具体如下:

1. 能够掌握单片机硬件知识与编程语言,能够根据系统要求,确定合理的系统方案,确定硬件电路,软件程序的具体设计流程;

2. 能够应用 Proteus 软件、Keil 软件、开发板、示波器、万用表等设备对硬件系统与软件系统进行制作、仿真、调试和模拟;

3. 能够通过课程报告文档的撰写,对产品设计过程进行正确的文字总结,能够就设计问题与他人进行有效沟通和交流。

二、课程内容

应用型本科院校要培养高水平应用型人才,为了达成这个目标,要重新构建课程内容,通过项目化教学开展课程学习。因此,课程内容安排上不再按传统书本的章节授课,而是将要学习的章节内容分成四大模块:一是单片机软硬件基础与开发环境模块,在这个模块主要学习单片机内部原理、C语言、开发环境以及硬件电路板制作工序;二是单片机内部资源模块,在这个模块主要学习输入输出端口、中断、定时器、串口;三是外围接口电路模块,在这个模块主要学习显示、键盘、模数/数模接口电路;四是系统设计模块,在这一模块主要是进行知识整合与系统设计训练,包括软件的熟练使用,电路板的熟练制作、系统的仿真与调试。每一个模块都设计了若干工程项目,每一个项目都可以支撑一个具体的知识点。教育的根本任务是立德树人,在课程中融入思政元素,在专业教学中对学生进行价值引领是时代的必然。为了更好地进行思政教育,避免空洞的思政授课,引起学生抵触,将课程知识点与思政元素有机融合是关键所在。例如在讲解课程内容第一模块中的芯片垄断、设计软件限制时,融入的思政元素是坚定"四个自信",坚持独立自主、艰苦创业;在讲解课程内容第二模块中断系统与定时器时,融入的思政元素是统筹规划、合理安排时间;在设计第四模块系统任务时,要求学生充分发扬团队精神,攻坚克难,共同完成任务。

三、教学设计案例

为说明基于新工科理念+项目式的单片机原理与接口技术混合式教学新模式改革的设计思路及具体应用,选择定时器/计数器这一节作为教学设计案例。

(一)课前学习阶段

教师通过超星泛雅线上平台发布课前预习视频、预习测试题和预习任务。学生接收任务后观看超星泛雅平台上项目微课并完成测试题,然后在线上平台讨论;教师课前通过超星泛雅线上平台答疑并收集学生的问题。

课前教学设计如下:

案例名称:定时器

学习方式:在线学习

学习地点:自主选择

学习目标:

知识层面

1. 学生可以了解定时器的工作原理、种类及典型应用;
2. 学生能够正确理解初始值的设置方法;
3. 学生能够正确掌握定时器的几种工作模式;
4. 学生能够正确掌握定时器的应用。

能力层面

1. 学生在预习视频和预习测试题的过程中,若遇到问题,可以逐步利用已有的知识对问题进行发现、分析与解决;
2. 学生在理论学习内容或实操任务内容难度超越自身掌握知识范围时,学会不断主动利用身边的资源尝试解决和学习。

素质层面

学生通过观看我国古代计时相关的视频,可以逐步强化学生的人文素养与探究精神。

案例重点：

1. 定时器的概念、原理；

2. 定时器的设置方法；

3. 定时器的几种工作模式的应用。

案例难点：

1. 理解定时器的工作原理并灵活应用；

2. 掌握定时器的正确使用方法；

3. 定时器的几种工作模式的应用。

课前学习过程

【教师活动】通过超星泛雅在线学习软件，将定时器/计数器的相关预习视频、资料、试题等文件发布给学生。

【学生活动】在课前自由选择时间，通过超星泛雅在线学习软件认真观看视频，参与预习测试题，完成课前布置任务，若有疑问可在线上平台讨论。

【教师活动】通过超星泛雅软件，将预习视频发布给学生，预习视频所含主要知识点如下：

1. 单片机的定时/计数功能

（1）定时功能；

（2）计数功能。

2. 定时器/计数器的控制寄存器

（1）TCON（定时器控制寄存器）；

（2）TMOD（工作方式控制寄存器）；

（3）IE（中断允许控制寄存器）。

3. 定时器/计数器的工作方式

（1）方式 0；

（2）方式 1；

（3）方式 2；

（4）方式 3。

4. 定时器/计数器的初始化

（1）赋值 TMOD 指定工作模式；

(2) 计算初值，赋值相关寄存器，装入初值；

(3) 如需中断，赋值 IE；

(4) 赋值 TR0、TR1。

5. 定时器/计数器的应用

(1) 定时器/计数器的模式 0 应用；

(2) 定时器/计数器的模式 1 应用；

(3) 定时器/计数器的模式 2 应用。

【学生活动】在课后自由选择时间，通过超星泛雅在线平台认真观看，直至学会，若有疑问可在线上平台参与讨论或记录下来。

【教师活动】通过超星泛雅在线学习软件，将预习测试发布给学生。其内容如下：

1. 判断题

(1) 定时/计数器的工作模式寄存器 TMOD 可以进行位寻址。（   ）

(2) 定时/计数器的工作方式 1 最大计数值是 8192。（   ）

(3) 单片机定时/计数器的定时功能计数的是单片机内部的机器周期，当我们要定时时采用这种方式。（   ）

2. 填空题

(1) 若系统晶振频率为 12MHz，利用定时器/计数器 1 定时 1ms，在方式 0 下的定时初值为（   ）；

(2) 定时/计数器的工作方式 0 最大计数值是（   ）；

(3) 当 M1、M0 为（   ）时，定时器/计数器被选为工作方式 0，此时，它是一个 13 位的定时器/计数器。

3. 选择题

(1) 定时器/计数器工作方式 0 是（   ）定时/计数器。
A. 13 位　　　　　B. 16 位　　　　C. 8 位自动重装　　　　D. 8 位

(2) 定时/计数器的 4 种工作方式中，除了方式（ ）之外，其他 3 种工作方式的基本原理是一样的。（   ）
A. 1　　　　　　B. 2　　　　　　C. 0　　　　　　　　　D. 3

(3) 控制寄存器 TCON 的运行控制位是（   ）。
A. TF0 和 TF1　　B. M0 和 M1　　C. GATE　　　　　　　D. TR0 和 TR1

4. 阐述题

若一80C51的单片机在定时模式下工作，最高精度取决于哪些因素？

【学生活动】在课后自由选择时间，通过超星泛雅在线学习软件认真完成，若有不会的知识点可以在线上平台讨论或记录下来。

【教师活动】通过超星泛雅在线学习软件，将定时器/计数器的预习文档、定时器/计数器的预习视频、激发学生学习单片机原理与接口技术兴趣的《定时器应用之音乐喷泉》视频、传播家国认同感的短片《导航系统的心脏"原子钟"》视频的资料包发给学生。

【学生活动】在课后自由选择时间，通过超星泛雅软件认真学习，若有疑问可以随时与教师联系提问或记录下来。

【教师活动】在课前选择时间收集平台上的问题，确定上课的重点与难点，并进行相关的教学设计。线上收集学生关于预习的讨论，以本次教学案例为例，学生的讨论大致集中在方式 0 和方式 2 上，如"方式 1 还好，方式 0 的处置如何设置呢？""方式 2 如何应用呢？"。通过对学生课前的预习视频、预习题目答题和讨论情况发现，定时计数器的 4 种工作方式中，方式 0 和 2 是大家不清楚的地方，由此确定本节课的重点内容。

（二）课中学习阶段

本次教学案例的教学设计，单片机的定时器/计数器的方式 1 通过互动提的方式检测，如果结果问题不大的话，就直接进入方式 0 和方式 2，如果有问题，那么根据大家的问题再进行阐述，具体如下所示：

学习目标：

1. 知识

（1）能够正确理解定时器/计数器的基本工作原理；

（2）指导理解定时器/计数器的基本结构和相关寄存器的设置；

（3）掌握汇编语言对定时器/计数器的相关编程；

（4）会利用单片机的定时器/计数器实现定时功能和计数功能。

2. 能力

（1）能完成单片机的定时器/计数器相关设计；

（2）能应用汇编程序完成单片机定时器/计数器初始化及相关编程控制，实现对定时器/计数器应用于相关电路的设计、运行及调试；

（3）学生可以在给定时间内完成单片机定时器/计数器的相关任务的过程中，逐步学会团结协作，提高动手实践能力。

3. 素质

（1）具有对新知识、新技术的学习能力；

（2）具有决策能力，能查找、收集、处理定时器/计数器相关题目的信息资料；

（3）具有科学的探究精神、决策能力和执行能力；

（4）学生在与他人合作分工完成实训任务的过程中，学会主动承担自身工作的责任与义务，逐步形成工作责任意识；

（5）增强学生对国家的认同感。

学习重点：

1. 单片机的定时器/计数器的参数设置；

2. 单片机的定时器/计数器的工作模式的具体应用。

学习难点：

1. 能根据学习任务进行程序编写、硬件连线及联机调试；

2. 理解定时器／计数器的运作原理，掌握定时器／计数器方式 0 和方式 2 的相关应用。

教学环节

情境导入

【教师活动】 人们生活中离不开时钟，介绍我国计时工具，重点介绍我国的原子钟，引入课程内容。引入横向课题"动压马达测试系统"，介绍课题背景，依据应用背景，主控单片机内部定时器／计数器需要配置半球动压马达驱动源信号，频率为 2KHz～5KHz 可调。通过介绍我国古代的各种计时工具的发展历程，培养学生的人文情怀；通过引入我国自主知识产权铷原子钟，开阔学生的眼界，增强学生的国家认同感；通过介绍横向课题来拉近与学生的距离，让学生真切感受到单片机的用处无处不在。具体包括日晷、沙漏、机械钟、电子钟、铷原子钟。教师介绍我国自主研发的铷原子钟的精度高，相关技术已经走在世界相关技术的前沿。同时引入学校教师相关的横向课题，在单片机的基础上研发了频率可调的测试系统，通过这些案例激发学生科学探索的精神，激发学习的动力。

【学生活动】 紧跟教师的思路，通过情景导入进入新课。

新知识引入

【教师活动】 提问：单片机的定时器／计数器如何实现 2KHz 频率信号输出？引发学生好奇，进入新课环节。

【学生活动】 通过提问引起好奇心，为后续课程的顺利展开奠定基础。

激活旧知识

【教师活动】 带领学生厘清几个概念，具体包括：

1. 周期；

2. 频率；

3. 定时；

4. 计数。

通过厘清几个概念，快速进入本节课内容。实现可变频率信号前，先完成固定频率信号的输出。为了完成输出 2KHz 的信号，需要先确定其周期，如果信号为方波的话，那么就是高低电平持续的时间均为 250μs。

【学生活动】在教师的带领下回忆旧知识，同时参与雨课堂答题。

【教师活动】教师通过发布雨课堂互动题，掌握学生答题的情况，调整上课的进度。

【教师活动】教师提问：高低电平的输出，控制单片机的 I/O 端口即可，端口 250μs 翻转一次即可实现高低电平的切换。如何让定时器产生 250μs 的定时呢？需要结合定时器的工作原理。

展示新知

【教师活动】讲解定时器/计数器的工作方式。主要知识点包括：

» 方式 1：16 位的定时/计数器；

» 方式 0：13 位的定时/计数器；

» 13 位定时器/计数器的结构；

» 13 位定时器/计数器的工作原理；

» 13 位定时器/计数器的最大计数脉冲；

» 13 位定时器/计数器的初值计算。

【教师活动】教师先从大家比较熟悉的方式 1 入手，并提示，初值影响着计时的长短。发布雨课堂互动题：定时器的工作模式为方式 1，如果想设置单片机计数满 100 个就溢出，请问初值应如何设置？

【学生活动】认真听课，组内讨论，并通过雨课堂参与互动题。

【教师活动】教师通过发布雨课堂互动题，掌握学生答题的情况，如果方式 1 的互动题正确率较高，就进入方式 0 的讲解，方式 0 与方式 1 的主要区别是：方式 0 是一个 13 位的定时器/计数器。

【教师活动】教师结合具体定时功能来讲解。最后布置一个雨课堂互动题，了解大家对于方式 0 的掌握情况。

【学生活动】认真听课，组内讨论，并通过雨课堂参与互动题。

【教师活动】讲解定时器/计数器的工作方式 2。主要知识点包括：

» 方式 2：8 位的定时/计数器。

» 8 位定时器/计数器的结构；

》8 位定时器／计数器的工作原理；

》8 位定时器／计数器的最大计数脉冲；

》8 位定时器／计数器的初值计算；

》T=(2^{13}- 计数初值)× 机器计算。

【教师活动】教师发布雨课堂主观互动题：单片机定时器／计数器的方式 0 与方式 2 的优缺点是什么？

【学生活动】雨课堂接收课件，组内讨论，并通过雨课堂参与互动题。

【教师活动】组织学生以组为单位汇报方式 0 与方式 2 的优缺点，并组织组间的提问与回答。

【学生活动】参与汇报，提问并回答其他组的提问，小组内通过组员参加活动进行积分，小组之间彼此记录分数。

【教师活动】总结学生汇报，主要包括：

》方式 2 没有自动重装，定时精准更高。

》工作方式的选择：

①若定时间比较长，选择定时器工作方式 1；

②若定时间较短，精度要求高，选择定时器工作方式 2。

明确了初值跟定时的关系，明确了工作方式与定时精度的关系。教师提问：如何实现对定时器的控制呢？进入下一个环节。

【教师活动】教师介绍定时器／计数器的控制寄存器，主要包括：

1. IE；

2. TCON；

3. TMOD。

【教师活动】教师发布雨课堂主观互动题：单片机的晶振频率为 6MHz，定时器 1ms，请问初值是什么？

【学生活动】雨课堂接收课件并通过雨课堂参与互动题。

【教师活动】教师介绍定时器／计数器的案例应用，具体为：

（1）题目：假设单片机晶振频率 f_{osc}=12MHz，使用定时器 1 以方式 0 产生周期为 2kHz 的等宽正方波脉冲，并由 P1.0 输出。

（2）设计分析。

（3）设计思路：

① TMOD 如何设置？结合 TMOD 寄存器中各位的含义可知，TMOD 应初始化为 00H。

② 初值如何设置？设计初值为 X，则要产生 500μs 的等宽方波，只需在 P1.0 以 250μs 为时间间隔交替输出高、低电平即可。所以，定时器的定时时间应为 250μs。而使用 6MHz 晶振，一个机器周期为 2μs，它相当于 250/2=125 个机器周期。定时器 1 工作在方式 0 时是一个 13 位的定时器/计数器，此时定时器 1 的计数范围为 $1 \sim 2^{13}$。故有下式成立：

$(2^{13}-X) \times 1 \times 10^{-6} = 250 \times 10^{-6}$

X = 8067 = 1111110000011

对应的初值是 0FC03H。

③ 中断如何设置？打开总中断和分中断两级中断。

源代码

源代码如下：

```
ORG 0000H
AJMP MAIN
ORG 001BH
AJMP DZ1
ORG 0030H
MAIN: MOV TMOD, #00H
      MOV TH1, #0FCH
      MOV TL1, #03H
SETB  EA ；允许中断
      SETB ET1
      SETB TR1 ；启动
HERE: SJMP HERE ；等中断
DZ1: MOV TH1, #0FCH
MOV TL1, #03H ；重设初值
CPL P1.0 ；输出取反
```

RETI

仿真

【教师活动】 教师进一步提问：如何改变信号的输出频率？

【学生活动】 学生分组讨论，并发表看法。

【教师活动】 教师总结，实现 2kHz～5kHz 并演示。至此，完成理论闭环。

应用练习。

【教师活动】 教师布置实践项目，学生分组完成：设计一个秒表，能计时 0～60s。

【学生活动】 学生分组实践，体现课程挑战度。

【教师活动】 教师巡视观察组内讨论，学生完成互评。至此，完成实践闭环。

贯通掌握。

【教师活动】 教师布置观看视频：我国北斗模块中的原子钟视频。同时提出精度对定时器的重要性，引导学生思考。

（1）利用定时器怎样可以提高精度？

（2）请联系原子钟的原理，实现高精度秒表的精度（误差在 0.011s），如何实现？

【学生活动】 参与思考并实践。

总结引申

【教师活动】 教师介绍定时器的高精度要求，并介绍其在国内先进领域的应用。

【学生活动】 与教师一起对本次实训进行总结，并提出自己仍然怀有的疑问与不懂之处。

【教师活动】 教师总结，具体包括：

》定时器的工作方式；

》定时器的应用步骤；

》引申：单片机定时器在实际生活和工程应用广泛。如倒计时牌、空调定时、电机转速等。布置拓展任务。

（三）课后学习阶段

学习目标：

能力目标

学生在理论学习完成的基础上，能够灵活应用所学知识，将课中的进阶提升运用于实际电路，逐步提升其解决复杂问题时的分解能力和创新思维能力。

素质目标

1. 学生通过对课中存在问题进行回顾与反思，巩固学习成果，提高分析课程内容的能力，逐步提高思维能力和逻辑分析能力；

2. 学生通过团队协作的方式完成高阶任务，帮助提升学生团结协作的意识，提升交流表达能力。

学习重点：

对课程理论知识的重难点进行深入理解与复盘。

学习难点：

团队分工协作积极解决课后的高阶任务，能够正确面对问题并积极解决。

学习环节：

1. 课中环节的回顾与反思

（1）理论课程中增加实践环节能够提高学生动手能力，但因缺乏过程监测，评价中忽视了学生进步的过程；

（2）一个班级内学生的水平差异太大，导致部分学生跟不上，部分学生学习没有收获；

（3）学生的硬件套件不完全一致，学生对硬件的熟悉度不够，同样的教学案例由于硬件不同，导致部分学生的硬件功能并不能完全实现；

（4）学生过度依赖教师，没有主动解决问题的意识；

（5）缺乏团队协作的意识，遇到问题自己尝试解决，没有与同伴分工合作的意识；

（6）仿真软件的步进调试能力还有待提高；

（7）预习做得不到位以至于课上问题较多，一节线下课的进度完不成。

【教师活动】就巡视期间遇到的各种问题进行原理性解释与实际解决。

2. 学生团队协作完成任务

【学生活动】在线上平台认真完成进阶作业,并提交。

【学生活动】认真完成高阶任务的软件与硬件,并汇报。

3. 师生在线研讨

【教师活动】开放在线交流平台,例如 QQ、微信等。

【学生活动】就本次实训前后自己未解决的困惑,或者对本次实训教学的建议与意见通过在线交流平台与教师进一步研讨。

【教师活动】在超星泛雅线上平台批改作业,并与有问题的学生一对一沟通,集中的问题收集反馈到线下课堂。

【学生活动】有问题与教师一对一沟通。

3.4 单片机原理与接口技术教学改革实践

单片机课程内容综合性、实践性强,需要具备一定的软硬件知识,学生学习难度较大。同时,学生层次各异,基础差异很大。针对以上问题,对教学方式和方法加以改革和创新,形成本课程的特色之处。

3.4.1 坚持项目导向、任务驱动的教学理念

单片机原理与接口技术系列课程实践性强、工程性强,是极具应用特色的课程群。教学团队根据学校应用型人才的培养定位,紧紧围绕"厚基础、重实践、强应用"的教育理念,以课程体系为依托,以能力培养为主线,从科研项目中提炼和总结典型教学案例,构建了知识与能力并重、层次化、项目式、线上线下虚实结合的课程教学体系。

教师在教学过程中坚持以学生为主体,激发学生学习的内驱力,引导学生积极参与到教学活动中并进行主动思考。单片机教学突破传统的课程接续的时间壁垒,将单片机理论课程和单片机实训课程统筹规划,改变以往的先上课后实训的模式,在单片机课程开始时即进行单片机实训项目的分配,学生自行选题、自愿结组,并领取项目任务书,任务书将实训项目拆解成硬件模块和软件

模块，写明完成项目需要具备的专业知识并注释出其在单片机课程中出现的位置，以此在单片机学习之初向学生强调系统设计的观念并赋予学生学习课程的动力。

除了实训项目之外，教师在授课过程中还将以往验证性实验均改为设计性实验，设计性实验以课程进阶项目的形式于各章开始学习时发布，课程进阶项目较实训项目来说更容易实现，知识点针对性更强。课程进阶项目选题将课程中原本零散分布的知识点碎片串联起来，既有面向普通学生的一般要求，又有面向少部分学生的创新要求，项目需要由学生独立实现并完成验收。"以项目作为载体、以任务驱动学习"的教学模式是"行在先，知在后，知行相资"教育理念的充分体现。

从学生的角度说，任务驱动是一种有效的学习方法。它从浅显的实例入手，带动理论的学习和实践操作，大大提高了学习的效率和兴趣，培养他们独立探索、勇于开拓进取的自学能力。一个"任务"完成了，学生就会获得满足感、成就感，从而激发了他们的求知欲望，逐步形成一个感知心智活动的良性循环。学生既见"树木"，又见"森林"，伴随着的是学生产生的一个跟着一个的成就感。从教师的角度说，任务驱动是建构主义教学理论基础上的教学方法，将以往以传授知识为主的传统教学理念转变为以解决问题、完成任务为主的多维互动式的教学理念。将再现式教学转变为探究式学习，使学生处于积极的学习状态，每一位学生都能根据自己对当前任务的理解，运用共有的知识和自己特有的经验提出方案、解决问题。这为每一位学生的思考、探索、发现和创新提供了开放的空间，使课堂教学过程充满了民主、充满了个性、充满了人性，课堂氛围真正活跃起来。

3.4.2 课程知识点的系统化和细化

围绕专业人才培养目标对单片机课程的育人目标进行修订，突出课程的实践性和应用性，聚焦学生创新性和动手能力的培养。创造性地将课程目标系统化为一个大的目标，涵盖各个章节内容，从结构系统化的课程目标到每节课的教学目标，每节课的教学目标分为专业目标和思政目标，更把专业目标细化为基本目标、能力目标和进阶目标。基本目标是学生对每节课知识点掌握程度的直观要求。能力目标要求学生通过对课程的学习要具备对应的程序设计能力和系统设计能力。一般来讲单片机的授课内容分为硬件模块、软件模块、功能扩展模块和系统设计模块，教师在授课过程中将教学模块内容重新打散再进行糅合，设计出进阶项目，按照进阶项目的需求提出每节课的进阶目标，本着学以致用的观点，将学生的"用"作为目的，引导学生的"学"，实现教师的"教"。

3.4.3 以赛促学，以研促学

为了贯彻因材施教的原则，为学有余力的学生提供更多的锻炼机会，极大地激发学生的学习潜力，教师在授课过程中引入电子设计竞赛、蓝桥杯大赛等科技竞赛的内容，课程之初向学生介绍相关赛事，不仅能在学生心里埋下"参与电赛"的种子，更能促进一部分学生有目的地深入学习、自主学习。此外，在授课过程中将往届学生的设计作品、教师科研过程中解决的实际问题作为课程案例介绍给学生，让学生对所学知识"看得见、摸得到"，打破了枯燥的理论教学方式，"深入浅出、由表及里"，实现了理论与实践的统一、认知和行动的统一，抓住了学生的眼球、激发了学生的求知欲。

3.4.4 突破传统课堂教学模式，"线上+线下"双驱动，夯实基础

（1）强化"三段三学"教学设计

由于单片机课程授课学时不断压缩，学时由 64 学时调整为 48 学时，个别专业仅为 32 学时，在单片机课程内容丰富、知识领域宽泛的情况下，如何在有限的时间内达到良好的教学效果是亟需解决的一个问题。在授课过程中坚持"三段三学"教学设计，把教师与学生的活动分为三个阶段，实现三学，即教师活动的流程是：引领自学－指导共学－启迪研学；学生活动的流程是：自主预学－合作共享－拓展研学。将预学和研学作为课程教学的一部分，预学任务具体化、研学任务明确化。在前次课结束时即发布后次课的预学任务，任务涵盖预学内容的主要方面，以文档的形式发布，新课开始前采用随机提问、线上

作答的形式检验学生的预学效果，对个别复杂的问题引导学生自行在课内寻找答案。研学任务主要以课后作业的形式发布，除了要反映出每次课的知识点之外还要起到知识点衔接、承上启下的作用。

共学即为课堂教学，在预学和研学有效开展之后，教师有足够的时间开展形式多样的课堂教学。在实际教学过程中除了开展项目教学法、案例教学法之外，还开展了重点问题讨论、设计心得分享等以学生为主体的教学活动。

（2）实现实验室进课堂，打破教室与实验室的空间屏障

为了解决单片机课程教学与实践无法兼顾、实验室设备资源有限等问题，在教学过程中采用"实验室进课堂"，即讲完即练的教学模式，将软件设计、系统仿真都在课堂上完成，实验室仅用于更高层次的系统搭建及进阶项目的实现。根据课程内容将课堂基本分为"案例引入 – 教师提问 – 激活旧知 – 展示新知 – 应用练习 – 贯通掌握 – 总结引申"七个环节。"案例引入"是针对教学内容通过案例的形式来提高学生的学习兴趣、工程意识而设置的；"教师提问"是教师针对案例和教学内容进行提问；"激活旧知"是教师引导学生回忆之前讲的已学的知识；"展示新知"是在教师由已学知识过渡到的新知识，结合案例完成理论闭环；"应用练习"是教师讲授完理论知识后结合口袋实验室进行的基础实践；"贯通掌握"是教师结合前沿知识将新知识应用到新的领域，难度较大，综合性更高，完成实践闭环；"总结引申"是教师从知识、能力和价值三方面进行总结的环节。课程要求学生将电脑和口袋实验室带进课堂，使用 Keil 软件完成要求程序的调试，使用 Proteus 软件完成系统仿真，使用口袋实验室完成实践应用，真正做到教与学不分家、学与练无延迟。

在"案例引入 – 教师提问 – 激活旧知 – 展示新知 – 应用练习 – 贯通掌握 – 总结引申"环节结束后新知识的传授已基本完成，"出门考"主要是对课程内容的总结和提炼，在传统的授课过程中大多数学生难以在课中完成对知识点的消化和吸收，但采用"实验室进课堂"的创新教学模式之后，大多数学生能在实际操作中掌握程序的编写方法及系统的设计原理，在"出门考"的环节中准确率更高。这种授课形式打破了教室和实验室之间的空间屏障，让学生"所见"之后即"所得"，既解决了听课过程中可能存在的一些困惑又使学生能体会到

学习新知的新鲜感和成就感。

在教学改革中，教师对系列课程实践内容进行了重新规划，以能力培养为主线，按照学生对事物的认知和接受规律，并根据实验/实践内容的要求和特点，将实验/实践课程分为四个层次，以层层递进的方式来组织教学，开展对学生实践能力的培养。

基础型实验以系列课程的验证性实验为主，要求学生重点掌握电类实验的基础知识和基本方法，培养学生的基本技能，并初步培养学生实事求是的科学态度和严谨的工作作风。

设计型实验以单独设课的实验课程和相关课程设计中的设计性实验为主，学生需要具备较好的理论基础，掌握单元电路或电子系统的设计方法，具备初步的工程实践基本常识和基本素养，并根据设计要求，通过查阅资料、方案的设计与论证、安装调试等过程来完成相应的任务。设计型实验主要培养学生理论联系实际的能力、基本设计能力和创新意识。

综合型实验是将多门课程的内容相融合，针对有内在联系的课程群而开设的综合性实验，主要培养学生综合运用所学知识的能力、创新思维和电子工程师必备的工程素养。学生自由组合，形成团队，完成从选题、方案论证、系统设计、装配调试到总结报告的撰写和相关文档的整理等全过程。

创新型实验主要有两种形式：一是采用导师制，让优秀学生参与导师的科研项目，让学生在"做中学"，培养学生的工程实践能力；二是大力开展学生课外科技活动，鼓励学生参加各级各类学科竞赛，为优秀学生脱颖而出搭建平台，学生在赛事准备过程中提高了能力，在参加比赛过程中展示了才华。

（3）开展课程思政，实现课程升华

课程思政是新时代赋予教师的新使命，各门课程都要"守好一段渠，种好责任田"。单片机课程的育人目标是培养学生分析问题、解决问题的能力，锻炼学生的实践能力和创新能力，同时，向学生传递科学精神、工匠精神及敬业精神，引导学生形成正确的人生观、价值观。教师在授课过程中对各知识点所蕴含的思政元素进行深度挖掘，在进行思政素材选择时本着"五结合"的模式：结合教学单元主题、结合学科前沿研究成果、结合社会发展实际、结合学生学习规律、结合学生情感需求，合理设计思政教育素材，经过对素材的理解、加工、润色，能够合"情"合"理"地表达出其中的教育精髓，起到"润物于无声"的育人效果。

（4）建设课程线上资源

在信息化时代，网络资源共享化逐渐成熟，学生对知识的获取渠道也不再仅限于课堂上和书本中。为了适应时代的发展，教学实践过程中，基于学习通教学平台构建了线上课堂，将课程的主要内容制成慕课共享到课程群，学生可以反复观看，为预学、延学提供了支撑资源，同时，每节课的随堂测试、出门考均借助学习通完成。这种线上、线下相结合的教学模式在提高课堂效率的同时，可以直观地呈现出学生的学习效果，便于教师及时调整课程进度。

（5）课程教学内容突出挑战度和开放性

为了激发学生的创新能力，多层次的实践训练贯穿整个单片机原理与接口技术系列课程，团队注重通过开设循序渐进的实验实践课程训练平台增加课程的难度和挑战度，帮助学生拥有实操经历，夯实实践基础，提高专业技能，促进学生的创新能力。团队在教学重点设计深度自学、实验方法设计、工程案例分析、电路应用设计等知识综合应用内容，挑战了学生的上限，培养了他们的工程应用能力和创新能力。

理论课程中，团队应用以讨论为核心的翻转课堂，课前学生通过微课在线自学相关知识。课堂上，教师展示常用硬件或软件仿真；学生分组思考、讨论、分析和研究。教师提出基于硬件的功能设计要求，学生现场完成指定功能设计的挑战。实践课程中，团队在设计型、综合型题目中增加高难度元素、开放性元素，鼓励学生在学习中广开思路、各展才能，激励学生积极探索、大胆实践，取得了很好的效果。部分学生的作品甚至大大超出了教师的预期，学生的开放学习也促进了团队教师的共同进步。

（6）考核方式改革

课程考核的目的一方面是检测学生的学习效果；另一方面也可以发挥"指

挥棒"的作用,影响下一届学生的学习态度。为了体现单片机课程的应用性和实践性,课程采取过程考核的形式,考试成绩由平时成绩、实践技能考核、综合能力考核3个部分组成。其中,平时成绩占20%,包括预学测试(提问)积分、共学随堂练习积分和延学课后作业成绩。实践技能考核占20%,包括课堂实践、进阶项目、实训项目预答辩,在每个模块的项目实践过程中考查学生解决实际问题的能力形成课程积分。综合能力考核占40%,包括理论知识和实际应用两部分,理论知识考核主要考查学生对基本概念、基本原理的掌握情况,实际应用部分侧重考查学生对实际工程问题的分析和设计能力。这种考核形式注重考察学生的知识迁移能力和融会贯通能力,优于一次期末考试决定结果的传统考核办法,在贯彻执行过程中效果较好,反映出了学生的真实水平。

3.5 单片机原理与接口技术教学改革反思与推广

单片机原理与接口技术教学改革反思:

单片机原理与接口技术课程教学改革的反思有值得肯定之处也有不足之处。不足之处要在不断的反馈中迭代改进,后续需要继续加强的工作为:

1. 持续更新教学资源,加强教学设计

在今后的教学内容更新中,持续关注热点应用,优化教学案例、项目等;任课教师要利用线上平台的智能化学习行为管理及准确的大数据分析,反馈改进原有的教学设计与教学实施,站在学生能力培养和素质提升的高度不断创新教学设计,提供更好的教学资源,充分体现课程教学的高阶性和创新性,把知识和技能水平的提升与培养学生学习能力、实践能力和创新能力结合起来,提升培养人才质量。

2. 加强师资队伍建设,有效支撑混合式教学模式改革

课程团队教师要加强学习,充分转变观念,变被动为主动,真正做到"强起来";要精于线上、线下混合式教学过程设计,提升教学能力,善于组织开展以学生为中心的课堂教学。

3. 深化教学经验总结，推广教学成果

进一步完善课程的共享机制，实现优质教学资源和先进教学方法的共建、共享，形成具体的教学成果和可供复制的教学模式，建立共享机制，在校内、校外推广课程的教学成果，起到引领、带动、辐射作用。

4. 持续完善课程考核评价机制，激发学习动力

深化成果导向理念在课程教学质量评价中的应用，与时俱进地完善教学质量评价体系，培养创新型人才，保持课程的持久活力。

单片机原理与接口技术教学改革模式的推广：

北华航天工业学院的单片机原理与接口技术的教学改革也可以为校内的类似课程提供一些课程改革的建议，同时也可以为国内其他应用型本科院校的相关课程改革提供一些借鉴。

首先，在学校内部其他专业进行相应的推广，根据相关专业的要求，遵循"一体三翼四层"的模式对课程内容进行体系化建设，将专业结合课程融入思政元素实现知识、能力和素质的有机融合。发挥校、院两级教学督导作用，拒绝"水课"进课堂。以教学贡献为核心内容制定激励政策，加大课程建设的支持力度，加大优秀课程和教师的奖励力度，加大教学业绩在专业技术职务评聘中的权重，营造重视本科课程改革与建设的良好氛围。可以举办研讨会向教师介绍教学改革的内容和优势，利用校报、校园网站、公告栏等媒体进行校内宣传。

其次，通过"走出去、请进来"的办法学习北京、天津等知名高校的课程建设经验。多参加相关课程的虚拟教研室建设，在学习他人经验的同时也可以推广自己的课程建设。教师可以加入或创建教育联盟，与其他院校共享教学改革经验，以推广自己课程改革的模式。另外，在专业会议上发表教学改革论文或作报告，利用社交媒体平台发布教学改革的相关信息，扩大影响力。当然，也可以邀请其他院校的教师和管理人员来校访问，实地了解教学改革情况。邀请外部专家对课程教学改革进行评估，提供客观的反馈，持续与校外利益相关者保持交流，收集意见和建议。

第 4 章　电子系统设计课程教学改革

4.1 电子系统设计课程教学改革的相关理念

4.1.1 OBE 理念

OBE 理念诞生并成熟于国外，OBE 理念一经提出就得到国外研究学者的认可，特别是《华盛顿协议》将其纳入工程教育专业认证工作中，OBE 理念再一次得到了业界的肯定。国外有关 OBE 理念的文献资料比较多，角度相对新颖，内容比较丰富。国外的 OBE 研究主要用于人才培养模式以及教学评估等方面。如 1995 年，英国工程委员会 ECUK 以"学习产出"为标准对毕业生提出 10 条毕业要求；2000 年，德国结合 OBE 理念制定了教学评估标准，对高校大学生展开学习评价调查等。

尽管我国对 OBE 理念的研究从 2013 年才开始起步，相关文献资料目前还不算全面，但我国相关学者对 OBE 理论的研究比较重视。例如，清华大学的《Python 程序设计》《矿物学》等课程都在 OBE 理念的指导下进行了深入的课程改革实践与研究。

4.1.2 PBL 教学法

PBL（Problem-Based Learning）教学法也称问题导向学习法，是一种以实际问题为出发点，培养学生提高分析和解决问题能力的教学方法，强调"以学生为中心"的作用。教师需要根据学生的认知水平创设真实的问题情景，从而激发学生学习的积极性，提高课程的教学效果。同时遵循"授人以鱼不如授人以渔"的教学理念，通过"教师的引导及学生的自主探究"等一系列过程，让学生自己解决实际问题，从而获取问题背后所涉及的知识并提升技能。

苏格拉底曾采用提问的方式，让学生自己思考并获得真知。苏格拉底认为，通过不同角度的提问，学生可以在回答时从多角度看待问题，从而得出不同的结论。建构主义等理念的陆续出现，使 PBL 教学法得以发展。随着 PBL 教学法的不断发展，PBL 教学法也逐渐渗入不同的学科领域。对 PBL 的研究也更加深入，PBL 教学的应用研究趋于成熟。

我国从 20 世纪 90 年代开始引入 PBL 教学法，最初是将 PBL 教学法应用于原上海第二医科大学。实践证明，运用 PBL 教学法能提升教学效果。此后，PBL 教学法在国内的教育领域得到广泛传播，大量国内的专家和学者开始研究。大量的相关文献表明，PBL 教学法与其他教学法的融合在推动高质量教育教学改革中具有一定的积极作用。结合不同教学法的优势，可以弥补各个教学法的不足，达到提高教学效果的目的。

OBE 理念和 PBL 教学法都体现着"以学生为中心"的理念。

4.2 电子系统设计课程教学现状及问题分析

电子系统设计是与"模拟电子技术、数字电子技术"课程紧密结合的一门实践性很强的专业基础课程，20 学时，授课对象是大二上学期的本科学生。本课程通过设计性实验和综合实验等相关实践教学环节，使学生了解电子电路的设计、组装与排除故障方法。掌握电子技术的基本测量、调试方法以及误差分析方法；熟悉电子技术中常用单元电路的特性及组合应用，掌握常见模拟电子电路的设计方法。通过实验使学生基本掌握分析、寻找和排除实验电路中故障的方法，能够对电子电路系统进行仿真、分析和辅助设计，并能够实现系统的组装和调试，进一步开拓学生分析问题与解决问题的能力，提高学生在设计实践技术方面的能力。本课程在电类专业综合性人才培养中有着举足轻重的作用。电子系统设计不仅与前面的电路、模电和数电等课程相关，在后续的教学、课程设计、毕业设计和电子设计竞赛中也有广泛的应用。目前电子系统设计的教学受场地、设备、时间等各种因素的影响，存在实验内容相对单一、实验教学模式固定和学生学习方式固定、学生学习兴趣不高、实践教学系统性不强、成绩评价内容单一等问题。

OBE 的理念比较注重"以学生为中心"，并且强调知识的精熟学习，在学习的过程中，尊重学生自己的学习节奏，同时相信每一位学生都可以学习成功，这些理念与电子系统设计的课程目标不谋而合。在进行电子系统设计的同时存在学生需要对前述课程的综合应用，不同的学生存在的知识薄弱点可能不同，而 PBL 教学法强调"以学生为中心"，以实际问题为出发点，培养学生提高分析和解决问题能力的教学理念也与电子系统设计的课程实施特点吻合。

如何把 OBE 理念和 PBL 教学法引入电子系统设计的课程中，优化课程教学内容，更新课程教学项目，在实训中构建面向应用型人才培养的知识体系是目前本课程需要解决的问题。

4.2.1 电子系统设计课程教学现状

对于校内的学生和课程进行调查发现存在以下问题：

（1）教学模式单一，学生缺乏主动性

由于院校的课程内容、上课地点等因素的限制，使得本课程只能利用周末的时间分散进行，由于客观上相邻两次上课的时间间隔较长，导致课程的实训效果大打折扣。设计问卷调查的结果显示，学生对分散进行的实训课程没有归属感，课程授课模式单一，课堂氛围营造效果不好，另外课程的考核注重结果，虽然大部分学生能够完成最后的结果，但大部分学生表示实训过程收获不大，无法发挥学习的主动性。究其原因，一是课程考评环节过于简单，没有关注学生的实训过程和每位学生的成长；二是课程缺乏基础模块的训练，让学生自己从理论跨越到综合实训，难度有些大；三是电子技术的飞速发展与新器件的不断涌现，要求课设内容不断更新，而课设所使用的教材更新较慢，教学内容更是偏重于理论，缺乏实践和应用环节。课程题目需要适当更新，才能保持课程的含金量。

针对学生的学习情况，主要从以下四个方面进行了解：对课程的认知、对课程感兴趣的程度、对课程的课前预习和课堂的参与度。从上述四个情况进行问卷调查了解学生在实训时期的状态以及对该课程的掌握程度，从而得出本课程学生的学习情况：大部分学生课前对本课程的实训内容不了解，大部分学生对实训课持一种喜欢的态度，大部分学生对实训课程不会选择预习，大部分学生会积极参与本课程。通过访谈、谈话等形式交流得出学生对本课程的期待：期待自己能够学到一些知识或技能。但同时学生又有畏难心理，遇到困难不会表达，不会解决等。另外，课设题目陈旧，课设内容届届沿袭、缺乏工程应用背景，也是导致学生缺乏主动性的原因之一。学生绝大多数是"被动实践"，即设计方法、设计手段、参考资料，甚至是原理图等全部由教师制定，学生在教师规定的框架中，沿着教师制定的路线去完成实践任务。在这种情况下，学生的创新潜能肯定被抑制甚至被扼杀。

（2）电子系统设计课程要求基础高，学生能力欠缺

传统的电子系统设计是按照学科知识体系开设的。电子系统设计需要整合几门课程内容，如电路基础、模拟电子技术、数字电子技术以及焊接技术等多门课程，这些课程存在理论衔接不连贯现象，学生基础较差，很难把这些知识整合起来，形成一体化的知识体系并在此课程中应用到实践中去。

（3）偏重技能训练，忽视能力培养

电子系统设计课程把学生分组，把题目分组，在开始授课前，教师会系统地把题目的要求和关键点讲一遍，学生在教师的指导下进行焊接、组装、调试和测试电路等技能训练，学生按部就班地完成项目任务，但课程答辩时发现学生无法回答关键问题，内心仍是比较迷惑，不知道为什么关键问题要这么做，这样的课堂培养不出具有创新实践能力、合作交流能力、书面表达能力，满足未来工程技术发展需要的高水平应用型技术人才。

以上问题的凸显已经证明目前的课程授课模式不能满足新时代的要求了，因此对电子系统设计进行课程改革势在必行。

4.3 电子系统设计课程教学改革策略

本项目基于OBE理念，以学生产出为目标，重构了课程内容，采用混合式

教学设计，基于 PBL 教学法和项目驱动教学法，通过单元项目到系统项目的实施培养学生的工程意识、实践能力、工匠精神和创新精神，构建了基于多元评价主体的闭环考核评价方法，确保课程能够持续改进。电子系统设计的教学改革主要包括：

（1）基于 OBE 理念，按"回溯式设计"原则开展教学设计工作，"正向实施"展开实践教学工作。以能力为出发点进行回溯式设计，将课程目标分解到课程的每个单元项目和教学环节中，使课程的内容与能力相呼应，保证了课程教学目标与结果的一致性。

（2）重构了实践课程内容，既做"减法"又做"加法"。"减法"即精简教学内容，剔除那些单一的、验证性的教学内容；"加法"即将以项目和案例的形式将学术研究、科技发展前沿成果引入课程教学内容，设计增加研究性、创新性、综合性教学内容，体现课程的前沿性与创新性。

（3）本课程内容遵循"横向分模块，纵向分层次"的原则，整合多门课程内容，把实践课的内容按照由浅到深，由易到难，循序渐进，层层递进的顺序分为多个单元项目，由单元项目级联成综合性项目，使得课程知识更合理、完整，同时注重学生的参与性、关注学生的差异性，更好地培养学生综合性工程应用与实践能力。

（4）以学生为中心，合理运用雨课堂、学习通等工具，建设并利用线上资源，开展"三个结合"（即线上线下结合、课内课外结合、理论实践结合）的混合式教学模式，实现了时间上、空间上、内容上的拓展，扩大了课堂教学资源的育人覆盖面，增强了教学元素的渗透力。

（5）深入挖掘思政元素，实现思政"四个融入"，即融入课程教学目标、课程教案、实践教学、学生自主学习之中，实现课程教学和思政教育的有机统一。

（6）基于 OBE 理念的全过程考核评价模式包括课堂实操表现、单元项目考核、综合实操考评、实践报告等。单元项目的阶段性考核反馈到课程考核评价中，形成闭环考核。闭环考核评价方式与传统评价方式相比，更利于学生自主学习意识、主动学习能力和创新能力的培养。

4.4 电子系统设计课程教学改革实践

4.4.1 加强教师的工程实践能力

用基于 OBE 理念的教学模式展开教学活动，从某种意义上对教师提出了更高的要求，要求教师必须有较强的工程知识和能力，以便在教学中为学生提供恰当的工程实例，并对学生实际操作提供经验性的指导。为了解决青年教师缺乏工程经验的问题，本课程组一方面选派青年教师到对口单位参加工程实践，或参加行业的短期培训及研讨会；另一方面利用假期对青年教师在校内实验室进行培训。在实践经验丰富的教师指导下，每位青年教师必须做出 2~3 个具有一定应用价值的课设项目，最后进行交流、学习，取长补短，共同进步。通过实践，课程组教师共开发出二十几个课设项目，极大地提高了教师的工程实践能力。

4.4.2 引入电子设计竞赛和横向课题的相关内容更新实训项目

由于大学生电子设计竞赛的训练方式以及要求学生具有的能力和电子系统设计课程目标具有一致性，所以本书提出引入电子设计竞赛的内容更新电子系统设计的实训项目。大学生电子设计竞赛涉及的专业知识面广，且其内容多来源于工业、实验等方面，要求学生需要具备较强的综合实践能力，能够对学生进行一定的训练，因此将大学生电子设计竞赛的相关部分子题目引入电子系统设计课程中来，让学生分组完成。在共同完成项目的过程中，能够很好地提升学生的交流合作能力，有利于培养学生的工程实践能力。

4.4.3 合理组织教学，突出对基础知识的综合运用和能力培养

为了全面培养学生综合运用知识的能力和系统设计能力，课程组从产品设计的全过程出发，安排了如图 6 所示的课设流程。

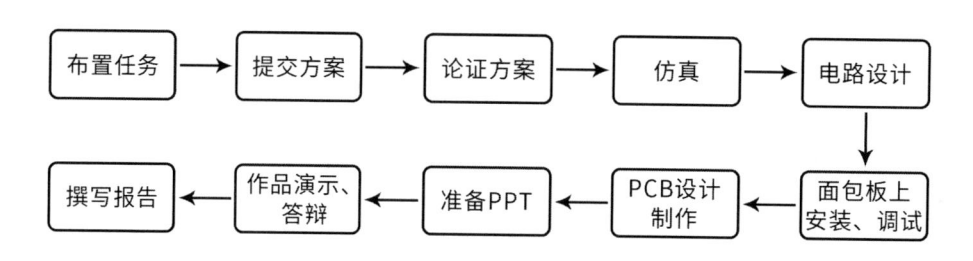

布置任务 → 提交方案 → 论证方案 → 仿真 → 电路设计

撰写报告 ← 作品演示、答辩 ← 准备PPT ← PCB设计制作 ← 面包板上安装、调试

图6 电子系统设计的教学组织过程

本次教学组织的突出特点如下：

1. 培养了学生综合运用知识的能力

课设在题目选取上体现了以人为本，以学生为主的理念，从日常生活和工程实践中选取课设题目，如简易心电图仪的设计、数字功放的设计、远红外报警器的设计等，这些题目来源于生活，提高了学生的兴趣，同时通过对这些题目的系统设计打破了课程与课程间的分割壁垒，如学生在做这些题目时会将传感器与检测技术、电路、模电、数电等多门理论课知识加以综合运用，通过设计、安装、调试、插接面包板、PCB制作等环节将电子技术实验、电子CAD与电装工艺等实践课内容相融合。

2. 加强了工程实践能力和系统设计能力

在电子系统的设计与实现中，涉及电路设计与搭试、软件工具应用、仪器设备使用、元器件选择、电路调试、系统测试等方面的任务，要解决电源分配、结构安装、电磁干扰等一系列工程问题。这些问题对学生来说是一种挑战，但在教师鼓励、指导和同组学生的共同努力下，每一个环节的实现都会让其有成就感。

3. 加强了自学能力和分析能力的培养

本课程所选用的项目基本上没有现成的电路供学生直接使用，即使题目相同，由于对部分技术指标做了改动，学生在设计时也必须自己独立思考、深入钻研，自己提出解决方案和实现方法。这对培养和提高学生对所学知识进行整理、概括、消化吸收的能力，参考书籍、资料检索的能力，自我扩充知识领域的能力以及对知识运用和举一反三的能力具有重要意义。

4. 培养了团队合作能力

每一个课设题目由 2～3 人共同完成,以培养学生分工合作、交流协调、共同研讨等团队合作精神与能力。为了最大范围地调动学生进行项目设计的积极性,防止出现学生"搭车"现象,要求答辩时项目组学生同时参加,并且由答辩委员会成员任意指定其中一位学生进行成品演示或回答问题。

4.4.4 实施开放式教学体系,培养学生的主动性和积极性

本次课设打破传统的实验教学模式,将学生的充分发展作为教学追求目标,其教学过程的开放性体现为:

1. 题目开放

为了全面培养学生的工程实践能力,本次课设教师提供的题目共有 20 多个,有的来源于教师的科研项目;有的将企业急需解决的设计问题引入课设中;还有一些题目是历届大学生挑战杯和大学生设计竞赛题目(依据学生水平和实验条件对部分技术指标进行了调整),同时,教师还根据项目的难度和工作量确定项目的难度系数,学生可以根据自己的兴趣选择不同的实践课题,或者自拟具有一定工程应用价值的课设题目。

2. 时间开放

课程组考虑到本次课设从接受任务到完成成品教学任务量较大,因此将整个设计分散在整个学期内完成,打破了教学周学时的限制,将教学活动由课堂内拓展到课堂外,将学习的自主权交给学生,引导学生发挥主动性,充分利用好课余时间,实现课内与课外教学活动的统一。

3. 空间开放

由于电子系统设计制定了严格的验收考核标准,因此,从学生实践的空间

上不设限制,学生可以在宿舍、在图书馆、在机房或者向开放实验室之一——电子技术综合实训室提出申请、预约,以进行资料的查阅,硬件的安装、调试等。

4. 项目模块化推进

基于项目式教学,本课程把所有题目都分为了 12 个基础模块,把题目分给相关组员后,让学生先进行资料查找,然后设计项目方案,时间持续大约一周,一周后集中一组为单位进行方案汇报,对于某个项目设计方案的可行性进行汇报,方案通过后可以领器件,然后在自己项目的基础上进行模块化面包板搭建和调试,时间大约两周,期间学生遇到各种问题都可以随时去往开放实验室进行调试、测试或找教师进行相关问题的解答,直至项目内各模块能实现联调。各组在面包板上调试完毕后,可以领万能板进行焊接、调试等,完成后可以进行相关答辩。

4.4.5 加强学生的成本意识培养

电类专业学生的专业学习范围主要以硬件系统的设计以及软硬结合的系统研发为主。学生毕业后,主要从事以硬件为基础的产品研发、产品测试,以及相关管理和销售等工作,与硬件产品直接相关联。这种工作性质决定了学生毕业后的职业生涯与产品成本的密切性要远大于计算机软件工程、信息工程等以软件开发为主的专业。因此加强学生成本意识的培养具有重要意义。

在硬件设计阶段,应从设计成本角度引导学生。可以要求学生自行查找功能类似的器件,在不降低系统性能指标的前提下,选择价格低、功能简单的器件,而不应该盲目追求器件的高性能。例如,能用价格低廉的 OP17 而不用 OP37;可以使用单面电路板实现的系统,不需要使用双面电路板;可以用一片集成芯片完成的功能,不需要使用多片分立元件实现等。

在元器件和材料的管理上,本次课设全部由学生自己购买元器件,并且将实验室具备的元器件价格表在学生群里共享,从课设成本上约束学生,同时避免浪费。

在系统设计时,教师可以简单介绍销售成本的概念,向学生强调系统功能设计的完备性、实用性以及产品的外观。此外，学生完成设计之后，让学生做PPT介绍作品，一方面可以培养学生的总结归纳能力，加深对系统的认识；另一方面，这也是作为产品销售人员所必备的技能之一。

4.4.6 改进课程设计的验收考核环节，提高教学效果

验收、答辩是师生间、学生间交流的重要方式，是对学生设计成果的一种肯定，也是教师检查设计质量的有效手段，更是课设过程中暴露出来的共性问题的一次集中答疑。本次课设验收、考核方式如下：

1. 由教师和 5 名学生代表共同组成答辩委员会，对学生作品进行验收、质疑和成绩评定；

2. 答辩过程中，答辩学生要进行作品展示，PPT 自述和答辩，解答评委及其他学生提出的问题。

为了鼓励学生从其他设计项目中最大限度地汲取知识、开阔视野和获取实践经验，答辩委员会指出非答辩组学生每提出一个问题或解答一个问题均加 2 分。

学生都有不服输的天性，为了在验收环节中获得教师和学生们的好评，学生通常会在设计之初就对作品的性能给予高度重视，精心设计每一环节，力求作品完美，同时会认真准备自己的 PPT。作品的成功展示和圆满的答辩过程锻炼了学生交流沟通能力，满足了学生的成就感，增强了自信心。

4.4.7 电子系统设计的教学案例

本部分以电子信息工程专业的电子系统设计的一个项目微弱信号的测量为例，详细讲解课程基于 OBE 理念的教学改革，具体从学校人才培养定位开始，结合专业人才培养方案对课程的要求，制定了电子系统设计的课程目标，同时将课程目标细化分解为几个教学任务。

北华航天工业学院的人才培养目标是培养特色鲜明的高水平应用型人才。基于学校的人才培养目标和电子信息工程专业的毕业要求，确定了电子系统设计的毕业要求指标点和课程目标，具体如下：

电子系统设计的毕业要求指标点为：

指标点 2.2 具有运用专业知识对电子信息领域复杂工程问题各功能模块进行识别、分析的能力；

指标点 3.2 熟悉电子信息工程行业相关标准以及航天电子产品相关技术规范；

指标点 3.5 具有利用本领域专业知识对涉及信号采集、传输、处理、控制等方面的复杂工程问题进行系统设计、解决的能力；

指标点 3.6 能够在解决电子信息领域复杂工程问题过程中体现创新思维和创新能力；

指标点 4.3 能够针对仿真、实验、测试结果进行分析、研究，并提出改进方案；

指标点 5.2 掌握解决电子信息领域问题所需的测试技术和手段。

电子系统设计的课程目标为：

课程目标 1 通过对本课程的学习，使学生掌握电子电路设计、组装、调试的一般方法，能熟练运用电子技术相关知识和数字万用表、信号发生器、交流毫伏表、示波器等常用仪器仪表完成电子电路的设计、组装、调试。能够熟练使用电路设计仿真软件进行仿真。

课程目标 2 通过本课程的学习，学生能够熟练掌握电子系统的检测方法，能够根据不同的电子系统确定对应的检测方案，能够对复杂工程问题各功能模块进行组装、调试和检测分析，并优化和改进设计方案。

课程目标 3 通过本课程的学习，加深对各种单元电路基本知识和基本原理的理解，能够组合运用这些知识实现复杂的电子系统功能，独立完成电路系统的设计与调试，具备器件选型、参数计算、电路仿真、电路焊接及组装、硬件调试、排查故障、总结报告等能力。

基于课程目标将电子系统设计的教学内容分解为：（1）电子系统设计、组装与调试技术；（2）项目选题并熟悉参考电路，选配器件；（3）电路设计，CAD 仿真，优化设计；（4）器件测量，焊接，组装；（5）系统调试，排除故障，实现既定功能并提交实验报告五个部分。其中（1）的教学目标是为了让学生了解电子系统设计的基本方法、内容和步骤，熟悉基本流程；了解电路硬件的组装与调试的技术要点，掌握电路的组装方法和调试技术，了解电路调试中的一些注意事项。(2)的教学目标是为了让学生选择难度适合的题目，并根据参考资料选配器件，然后对所有的元器件进行测试，以保证元器件完好，最后设计合理的电路系统。(3)的教学目标是为了让学生经过电路设计，通过CAD仿真软件仿真运行，验证设计的合理性，并对设计方案进行优化和改进。(4)的教学目标是为了让学生按照航天电子产品相关规范要求进行焊接和组装，提高电子产品焊接与组装的规范性。(5)的教学目标是为了让学生通过系统调试，排查故障，提高学生对整体电路的分析能力和使用仪器设备对电路进行测试的能力；规范实验报告格式，提高报告文档归纳能力。确定好课程的目标后，根据学校和教师的情况，引入横向课题和相关电子设计竞赛等内容不断更新课程项目，目前电子系统设计的项目包含9个项目。9个项目具体为：波形发生器的设计，微弱信号测量系统的设计，温度测量系统的设计，可调温热剥器的设计，双路精准延时电路设计，断线式防盗报警控制电路设计，防误插保护器设计，数字电路实验板芯片反插保护电路设计，微分方程的模拟计算机设计。

现在以微弱信号的测量教学改革为例进行介绍。

(一) 课前学习阶段

教师通过超星泛雅线上平台发布项目任务书，学生2人结组选择题目。学生选择题目后观看超星泛雅平台上项目微课并针对任务的指标进行理解，然后在线上平台讨论；教师课前通过超星泛雅线上平台答疑并收集学生的问题。

课前教学设计如下：

实训项目名称：微弱信号的测量

学习方式：在线学习

学习地点：自主选择

学习目标：

知识层面

1. 学生可以了解相关芯片的工作原理、分类及典型实际应用；

2. 学生能够搭建电路实现不同信号之间的处理；

3. 根据项目的具体内容掌握特殊元器件的选择。

能力层面

1. 学生在项目完成的过程中，若遇到问题，可以逐步利用已有的知识对问题进行发现、分析与解决；

2. 学生在理论学习内容或实操任务内容难度超越自身掌握知识范围时，学会不断主动利用空闲时间进行学习。

素质层面

学生通过观看传播大国工匠精神的视频，可以逐步强化职业素养与培养精益求精的学习态度。

实训项目重点：

1. 信号发生器的产生、滤波及显示；

2. 3位并联ADC的原理及应用；

3. CD4511显示译码电路的工作原理及应用。

实训项目难点：

1. 产生1kHz信号的方波与微弱信号叠加的方法；

2. 有源低通滤波器的设计并实现；

3. 养成发现、分析、解决问题的能力；

4. 养成自主学习能力；

5. 形成工匠精神。

课前学习过程

【教师活动】通过超星泛雅在线学习软件，将微弱信号的测量的相关视频、资料、试题等文件发布给学生。

【学生活动】在课前自由选择时间，通过超星泛雅在线学习软件认真阅读，尤其是任务描述、学习目标与引导性问题部分，若有疑问可在线上平台讨论。

【教师活动】通过超星泛雅软件，将预习视频发布给学生，预习视频所含主要知识点如下：

1. 电子系统设计的项目实施流程

具体电子系统设计的实施流程见图7。

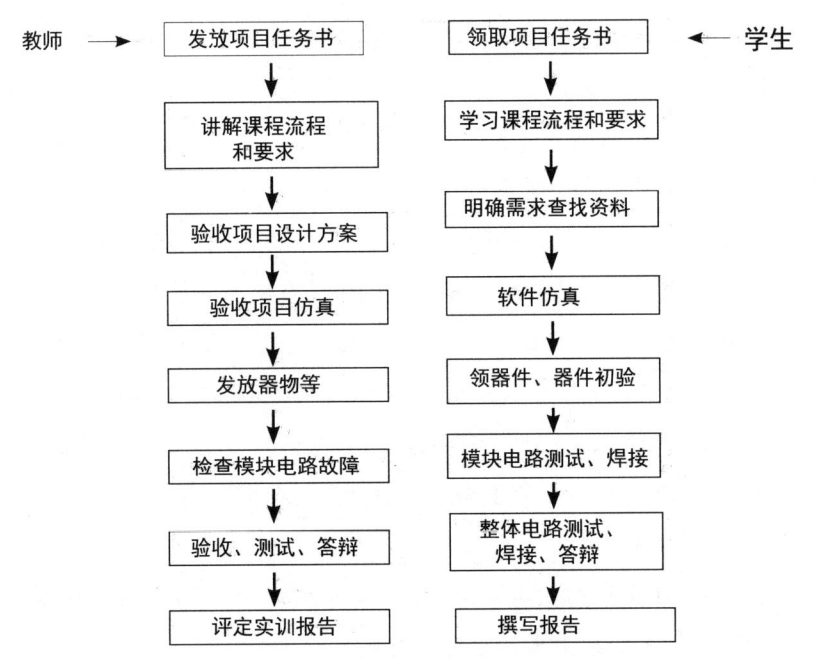

图 7 电子系统设计的实施流程

教师流程：发放项目任务书 → 讲解课程流程和要求 → 验收项目设计方案 → 验收项目仿真 → 发放器物等 → 检查模块电路故障 → 验收、测试、答辩 → 评定实训报告

学生流程：领取项目任务书 → 学习课程流程和要求 → 明确需求查找资料 → 软件仿真 → 领器件、器件初验 → 模块电路测试、焊接 → 整体电路测试、焊接、答辩 → 撰写报告

2. 微弱信号的测量项目的教学设计任务

（1）按要求完成加入噪声的微小信号的测量。输入小信号为直流 40mV，噪声为频率为 1KHz 的三角波，检测结果用数码管显示。

（2）完成电路的设计、仿真、安装、调试。

3. 微弱信号的测量项目具体教学内容和要求

（1）使用 LM117 或者 TL431 器件，通过分压电阻网络产生 40mV 微弱直流信号；

（2）使用 555 电路产生 1kHz 方波，并将方波送入积分器产生三角波；

（3）通过高通滤波器滤除三角波中的直流信号；

（4）使用 OP27 实现加法电路，将微弱直流信号和作为噪声信号的三角波叠加；

（5）使用 LM324 搭成有源低通滤波器，通带截止频率 100Hz，阻带截止频率 500Hz，阻带衰减 -40dB；

（6）使用 LM324 实现 10 倍放大器的设计，放大滤波后的微弱信号；

（7）使用比较器、D 触发器与非门等电路设计一个 3 位的并联比较 ADC；

（8）使用电阻分压网络获得 1V 的基准电压；

（9）使用 CD4511 与共阴极数码管组成显示电路，显示最终获得的测量电压值。

4. 微弱信号的测量项目的评分标准

（1）电路方案设计、工作原理及教师提问（20 分）：主要考察设计方案及电路设计是否合理可行，学生对整个设计的参与程度及掌握状况等；

（2）电路布局、焊接质量等（10 分）：主要检查工艺是否符合要求；

（3）电路功能（40 分）：硬件系统功能调试与改正以及各项功能验证情况；

（4）实验报告撰写（20 分）：内容、格式、条理、表达是否完整合理清晰；

（5）平时成绩（10 分）：学习态度、出勤情况及能否遵守实验室规章制度、规范使用仪器仪表等。

【学生活动】在课后自由选择时间，通过超星泛雅在线平台认真观看，直至学会，若有疑问可在线上平台参与讨论或记录下来。

【教师活动】通过超星泛雅在线学习软件，将预习测试发布给学生。其内容如下：

1. 判断题

（1）译码器是一种时序逻辑电路。（　　）

（2）方波不含有直流分量。（　　）

（3）译码器可以被应用于终端设备的数字显示上。（　　）

2. 填空题

（1）方波经过（　　）就可以变为三角波；

（2）555 定时器可以产生频率可调的方波，通过调整（　　）和（　　）就可以改变 555 定时器的频率；

（3）LM117 的输出电流最大为（　　）A。

3. 选择题

（1）三位并联比较型 ADC 是一种快速 ADC，它由（　　）部分组成。
A. 电子开关　　　　　　　　B. 电压比较器
C. 缓冲寄存器　　　　　　　D. 编码器

（2）CD4511 可以用来驱动哪种数码管（　　）。
A. 共阳极数码管　　　　　　B. 共阴极数码管
C. 双位数码管　　　　　　　D. 任意数码管

（3）当使用 LM324 作为放大器时，其主要功能是（　　）。
A. 将输入信号转换为方波信号
B. 将输入信号与参考电压进行比较
C. 将输入信号放大到需要的水平
D. 将输入信号进行滤波处理

4. 阐述题

若一理想的 3 位 ADC 满刻度模拟输入为 10V，当输入为 7V 时，求此 ADC 采用自然二进制编码时的数字输出量？

【学生活动】在课后自由选择时间，通过云班课在线学习软件认真完成，若有不会的记录下来。

【教师活动】通过超星泛雅在线学习软件，将《实验室安全手册》和《门电路芯片手册》文档、激发学生学习数字电路兴趣的视频、传播工匠精神的短片、《面包板的使用教程》视频、《数字万用表的使用教程》视频的资料包发布给学生。

【学生活动】在课后自由选择时间，通过超星泛雅软件认真学习，若有疑问可以随时与教师联系提问或记录下来。

【教师活动】在课前选择时间收集平台上的问题，确定上课的重点与难点，并进行相关的教学设计。

（二）课中学习阶段

本次教学实践课中练习采用分散的形式进行，其中教学设计如下。

学习目标：

知识目标

1. 学生掌握LM117或者TL431等芯片原始手册和检索芯片技术手册的内容；

2. 学生掌握555定时器产生频率可调的方法并通过积分器产生三角波，以及学会使用相关仪器仪表进行故障检测；

3. 学生要理解并设计滤波器并可以在面包板上调试直至完成；

4. 实现基于OP27的加法运放电路并学会使用相关仪器仪表进行故障检测；

5. 实现基于LM324的放大电路并学会使用相关仪器仪表进行故障检测；

6. 实现3位并联比较器并查找故障；

7. 实现基于CD4511的显示电路并学会使用相关仪器仪表进行故障检测。

能力目标

1. 学生学会运用模拟电子技术电路和数字逻辑知识，学会对较复杂电路图进行分析；

2. 学生可以按照实训任务内容，利用所学的理论知识，逐步进行任务需求分析、项目设计方案的策划、芯片集成等电路模块的选择与电路的搭接；

3. 学生可以依据项目任务的特点，把项目模块化，分组完成各个模块的设计、测试与调试；

4. 学生在面对项目无法实现预期要求时，可以逐步利用已有的知识或工具对问题进行发现、分析与解决；

5. 学生在面对较复杂实训任务时，学会与他人合作分工完成；

6. 学生在自身无法解决电路错误时，逐步学会向学生或者教师沟通和研讨；

7. 学生可以在完成实训项目任务的过程中，逐步学会自我时间管理，自我情绪管理。

素质目标

1. 学生在实训操作过程前后，严格遵守实验室安全生产要求，认真听从教师的实训指令，保证有条不紊地完成实训任务，从而逐步建立服从意识；

2. 学生在实训操作过程中，遇到电路故障或者错误，学会不畏困难，耐心分析，从头到尾反复检查，逐步形成吃苦耐劳的精神；

3. 学生在与他人合作分工完成实训任务的过程中，学会主动承担自身工作的责任与义务，逐步形成工作责任意识。

学习重点：

1. 根据需求，使用多种芯片实现各个模块的调试并实现多模块之间的调试；

2. 具备实训任务分析，模块化任务策划、决策能力；

3. 具备电路故障检测并解决故障的能力。

学习难点：

1. 形成发现问题、解决问题能力；

2. 养成团队协作与沟通能力；

3. 形成自我管理能力、反思能力；

4. 养成严谨的工作态度和精益求精的学习态度；

5. 形成服从团队意识；

6. 养成吃苦耐劳的精神；

7. 具备工作责任意识。

教学环节

1. 答疑解惑

【教师活动】根据超星泛雅平台的监控数据，对学生在线学习情况进行点评，对认真学习的学生给予肯定，对不认真学习的学生进行劝诫。

【学生活动】听取教师点评，如有特殊情况，向教师说明。

【教师活动】给学生分组，2人一组，并任命其中一位为组长。让小组2人将每人在线学习过程中产生的疑问进行汇总与讨论，并将讨论未果的疑问记录下来。

【学生活动】组队讨论，然后小组长负责将未得到解答的疑问汇报给教师。

【教师活动】收集各组学生未解决的疑问，并针对这些疑问进行集中答疑。

【学生活动】认真听讲，并与教师就疑问进行进一步讨论。

2. 实训任务引入

【教师活动】 根据课程的要求和项目的任务，进行阐述。具体包括：

（1）电子系统设计完成步骤
①充分利用网络和图书馆，掌握设计要点；
②实现软件仿真；
③申领器件，并对器件进行初检；
④焊接或插接单元模块电路，并对模块电路进行测量调试；
⑤完成整体调试、排除故障的工作；
⑥撰写本次设计的相关资料。

（2）项目故障调试检测方法如下：
①观察法
观察法是通过人体的感官，发现电子线路故障的方法。例如烧芯片的情况。
②测量法
测量法是故障检测中使用最广泛、最有效的方法。根据检测的电参数特性又可分为电阻法、电压法、电流法、逻辑状态法和波形法。
③比较法
常用的比较法有整机比较、调整比较、旁路比较及排除比较等。
④替换法
替换法是用规格性能相同的正常元器件、电路或部件替换电路中被怀疑的相应部分，从而判断故障所在位置的一种检测方法，有元器件替换、单元电路替换、部件替换。
⑤跟踪法
跟踪法检测的关键是跟踪信号的传输环节。具体应用中根据电路的种类可有信号寻迹法和信号注入法。

(3) 电子系统设计注意事项如下：

①如果仿真没有问题，故障主要集中在连接的问题上。虚焊、错焊、断点等会是主要故障来源。

②注意小组内几个人的配合，不要在一个难点上把所有人的全部精力陷住。要注意如何配合与分工，争取小组效率最大化。

③面包板上插芯片的时候不要用卡座，芯片直接插上去会接触更牢固。

④模块化处理问题，一个模块调好后，再调下一个模块。注意模块之间信号的连接是否可以匹配。

⑤网络资料的搜集与学习非常重要。例如滤波，就要看滤波的专业资料，比如《有源滤波精确设计手册》等。

⑥注意进度控制，要给硬件的组装留足一天的时间。

⑦设计器件，比如电阻值，尽量不要集中选 1K、10K 等整数类的值，其他的电阻只要在序列之内的，数量还是比较充足的。而瓷片电容可以这样选。

⑧做好艰苦自学的准备，本课程的任务比较重。

⑨开关电源、晶闸管、MOS 管、双向二极管等器件对于大家来讲比较冷门，需要大家花一些时间细致地学习和掌握。

⑩注意用电安全，注意锁好实验室的门，关闭实验室的窗。

(4) 微弱信号的测量的验收考核要求如下：

①通过理论计算，选配合适的电阻、电容、滑动变阻器等外围器件；

②通过仿真运行，实现设计要求的信号输出结果；

③对所选器件进行必要的测试，剔除坏损器件；

④按照航天工艺标准的要求，对器件引脚加工成型，并完成手工焊接；

⑤考察运用数字万用表、示波器、信号发生器、交流毫伏表等仪器检测并分析排除故障的能力；

⑥调试并实现设计要求的功能。

【学生活动】听取教师讲解，如有疑问，课上向教师说明。

【教师活动】发放本次实训所用纸质项目任务书，让学生再次阅读项目任务书中的学习目标，以加深其对本次实训学习的了解。

【学生活动】认真阅读微弱信号测量的学习目标，加深了解通过本次实训需要达到什么样的目标以及学习过后能够干什么。

【教师活动】情境引入："某电子设备厂的生产信号经常受到周围某个信号的干扰，进而使生产信号连接的 LED 熄灭，请你想想该生产信号是如何产生的？"

【学生活动】回顾课前在线学习所学。

思考引导性问题

【教师活动】引导学生对微弱信号测量的微视频进行思考并制订项目的实施计划，再进行 2 人小组讨论。

引导性问题：

（1）用 LM117 产生 40mV 的微弱信号，你的大体思路是什么？

（2）用 555 定时器芯片产生 1kHz 的三角波，你的大体思路是什么？

（3）三角波与微弱信号叠加时需要注意什么？为什么？

（4）使用 LM324 搭建游园低通滤波，如何实现？

（5）如何实现一个 3 位并联型 ADC？

（6）1V 基准电压如何实现？

（7）CD4511 如何显示电压？

【学生活动】独立思考引导性问题，使用雨课堂进行主观题目作答，然后小组 2 人进行讨论。

【教师活动】与学生一起对引导性问题进行探讨与解答。

【学生活动】对照教师关于引导性问题的解答，将自己与小组讨论的解答结果进行反思与改正，如有疑问向教师提出。

3. 小组合作开展实训

【教师活动】让学生结成 2 人小组，根据项目任务书的要求开展本次实训任务。

【学生活动】结成 2 人一组，根据项目任务书，一起对本次项目目标任务进行方案设计和方案的模块化分解，并对所需要的材料进行选择，依据自己设计的电路图进行模块电路的搭建、仿真、测试、调试直至完成。实训操作过程中，如有问题，学生可以在组内、组外相互进行研讨。

【教师活动】巡视学生实训任务的完成情况，在必要时对学生提供帮助，并在巡视过程中观察学生实训操作的易错点。

4. 验收实训成果

【学生活动】学生分组合作并对项目进行模块化分解，然后实现模块化电路的搭建与仿真、整体电路的搭建与测试，等待教师验收。

【教师活动】验收学生的模块成果，判断是否通过，若没通过，则让学生回去仔细检查；若通过，则让学生进入答辩环节。

【学生活动】根据教师的验收结果，判断所在小组是否可以进入答辩环节。进入答辩环节的小组，准备PPT和实物，着重讲解实训的过程中遇到了什么问题，是如何解决这些问题的。

【教师活动】以组为单位组织答辩，并针对学生的项目进行提问。

【学生活动】厘清项目实现的过程和实物，结合实物讲解PPT，汇报实训过程，回答教师的提问，最后完成答辩。

5. 多元评价

【教师活动】让小组中的一名成员独立进行电路的搭接，该小组中的另一名成员按照项目的任务要求解读电路的技术指标的实现并对搭接电路的过程进行阐述。

【学生活动】小组中一人进行电路的独立搭接，另一人向教师汇报并演示项目作品，小组2人轮流进行。

【教师活动】就项目中的关键问题提问并记录，组织学生结合课程评分标准进行自评，下课之前在线上平台提交。

【学生活动】学生认真按照项目任务要求针对本次实训所学进行自评与互评。

6. 师生总结

【教师活动】与学生一起对本次实训进行总结，并询问各小组成员是否仍有疑问，若有疑问，帮助其解决。

【学生活动】与教师一起对本次实训进行总结，并提出自己仍然怀有的疑问与不懂之处。

【教师活动】在学生的评价表上交后，就巡视与答辩验收两环节中每位学生的学习、回答问题等表现进行师评。

（三）课后学习阶段

学习目标：

1. 能力

学生在实训拓展问题上，能够灵活解答并将解答运用于实际电路的设计，进而在解决已有电路功能不足问题的同时，逐步提升其创新思维能力。

2. 素质

（1）学生通过对实训前后存在的易错点进行系统回顾与反思，有利于其改善失误与操作不规范等行为，能使其逐步形成严谨的工作态度；

（2）学生通过实训报告的撰写，用文字的形式对实训过程进行思考与总结，能逐步强化自身文化知识素养。

学习重点：

对实训前后存在的易错点进行系统回顾与反思。

学习难点：

积极地解决实训中遇到的各种问题，独立且正确地回答实训拓展问题。

学习环节：

1. 对实训前后存在的易错点进行系统回顾与反思

（1）滤波器电路设计思路不清晰、概念不明确，滤波器类型、定义和概念不清楚，尤其是二阶及以上，过分依赖理论和仿真参数，实际偏差不会调试；

（2）双电源输出不会用，实物焊接不理解多电电源概念；

（3）缺乏模块化设计和模块化调试概念；

（4）缺乏对导线存在断开或者接触不良、芯片损坏的可能性的检测与判断；

（5）积分器、微分器如何设计和实际工程应用缺乏阅读和信息检索，设计积分和微分思路不清晰，对于如何确定 RC 不明确；

（6）没有阅读和检索原始手册、技术手册的能力，完全依赖互联网；

（7）没有 ADC 概念，采样率、精度、对 2bit 的时钟作用和电阻分压部分学生不理解；

（8）滤波器如何测试不明确，点频法不会用，仿真软件如何测试操作不熟练，缺乏自学习能力和主动意识；

（9）热敏电阻测温手册阅读缺乏，电阻桥计算映射到采集现实编码缺乏分析；

（10）信号源操作基本不了解，示波器设置、AC 耦合、通道设置、偏置设置等不熟悉，也缺乏主动找资源学习的意识；

（11）MOS 管使用和功率意识不足，三极管应用、模电应用不足，没有阅读手册的习惯；

（12）方波与矩形波概念不清楚，矩形波参数不清楚；

（13）偏置电压加法电路设计依赖于理论仿真，2.5V 偏置，实际信号 4Vpp，却没有纠正。

【教师活动】就巡视期间与答辩期间遇到的学生的各种问题进行原理性解释。

2. 选做拓展性问题

（1）注意每一片芯片的供电与接地连接；

（2）注意 Vcc、1 为接 5V 电源，GND 为接地；

（3）注意高通滤波器的位置；

（4）注意接线的顺序：芯片供电、接地连接—芯片使能端连接—芯片输入端连接—芯片输出端连接（如有自己的接线方法，在确保正确的前提下可以采用）；

（5）注意接线过程中各个芯片各引脚的位置；

（6）注意元器件的功率；

（7）注意：如果各模块连接完成后，应留出测试点并提供必要文字说明，以便组内另一成员能很快上手展开实训项目。

【学生活动】在课后自由选择时间，通过超星泛雅在线学习软件按时认真复习。

3. 撰写实训报告

【学生活动】认真撰写，并定期上交。

4. 师生在线研讨

【教师活动】开放在线交流平台，例如 QQ、微信等。

【学生活动】就本次实训前后自己未解决的困惑，或者对本次实训教学的建议与意见，通过在线交流平台与教师进一步研讨。

4.5 电子系统设计课程教学改革反思与推广

从学生反馈和后续发展情况来看，学生认可课程时间和空间开放的教学方式。课程教学效率提升明显，教学效果有长足进步。

以下是电子系统设计自课程教学改革以来的一点反思与收获：

本课程通过"基于 OBE 理念与 PBL 问题导向式"教学法的创新，同时结合"线上预习+线下元器件实际操作"的混合式教学模式，使学生在完成学习电子技术等相关课程之后，结合课程实际的任务，完成了"任务分析、电路设计、器件识别、原理仿真、制版焊接、装配测试"电子电路设计的整个流程，教学实践效果良好。先后发放不记名调查问卷 300 份，调查问卷内容涉及课前预习、课程中使用仿真软件情况、课上成功完成电路情况、实验拓展意愿等。80.24%的学生在线上预习时能主动完成预习视频、预习试题，课前能够自学仿真软件。89.4%的学生在线下进行实际项目设计与实践操作时能在教师的带领、引导、帮助下完成元器件识别、电路设计、电路连接、电路焊接、电路调试、验证及故障排除，完成课程项目。借助信息化教学手段，使学生有效减负，课上实验成功率达到 92.18%，教学效果良好，实验的高阶性、创新性和挑战度要求明显提高。通过本次基于 OBE 理念与 PBL 问题导向式的教学方法创新，提高了学生的动手能力、分析和解决实际问题的能力，同时也培养了学生的探索精神。

以下是电子系统设计自课程教学改革以来的一些荣誉与推广：

电子系统设计课程改革创新，得到了诸多肯定。在新工科建设的背景下，电子系统设计课程秉承以学生为中心的教学理念，创新性地设计了电子系统设计课程教学改革"基于 OBE 理念与 PBL 问题导向式"教学法。通过问题导向思路重构课程教学设计，优化教学方法，通过共享思维导图等原创教学手段，全面提升了学生的综合能力；借助 OBE 理念的学习指引作用，帮助学生在开放的环境下求知、探索。在电子系统设计实践课程中，团队教师与学生共学生习，共同创造。

第 5 章　EDA 技术与实训课程教学改革

5.1 EDA 技术与实训课程教学改革的相关背景

5.1.1 EDA 技术与实训课程教学改革的相关概念

（一）任务驱动法

任务驱动法是基于建构主义理念，以解决问题、完成任务为目标的一种探究式教学方法。郭绍青教授指出：任务驱动法是一种实验性、实践性与操作性较强的教学方法，以任务为明线，以培养学生的知识与能力为暗线，用与教学内容密切关联同时又富有趣味性的任务，驱动学生的好奇心，使学生的学习处于积极的状态，最终使学生在完成任务的过程中有效地获得知识与技能。在整个任务驱动法的实施过程中，始终是"以学生为中心"进行的，教师根据教学大纲和具体的学情将课程内容分为几个具体的任务，以任务为课堂的主题驱动学生的学习，根据具体任务的展开讲解和提问；学生在接收任务后，在教师的引导下，自主探索、实验、实践，通过学和实践完成任务，提升自己分析和解决复杂问题的能力。任务驱动法分为六个步骤：导入任务、领取任务、探索任务、解决任务、作品展示和总结评价。其中导入任务由教师完成，包括任务的要求和支撑完成任务的知识点的讲解等；领取任务由学生完成；探索任务和解决任务以学生为主，教师在巡视期间以指导为主；作品展示和总结评价由教师和学生共同参与，包括教师评价、学生互评和自我评价等。另外，在进行课程的任务划分时要注重学生的学情，注意任务设置的趣味性、可操作性、完整性和开放性，以趣味性驱动学生的学习动力，以可操作性让任务可实现，以完整性体现知识点的应用，以开放性保证任务具有一定的挑战度，满足更高要求的学生需求。

（二）对分课堂

对分课堂是我国复旦大学张学新教授针对当前教学中存在的问题，提出的一种结合了传统讲授式教学模式与讨论式学习方式的优势的本土原创性课堂教学模式。对分课堂是指教师将一部分课堂时间交给学生自己掌控，让学生在课堂上发挥主观能动性。对分的授课方式中教师可以按课堂教学时长进行对分，把课堂分为"讲授部分"与"讨论部分"，讲授与讨论各占一半的时间。对分的教学模式，有利于促使学生从被动学习转向主动学习。对分课堂产生于我国，也适合我国大部分学生学情。对分课堂的教学模式中，教师的"讲授部分"是围绕课前学生"不懂"的难点和重点进行的，学生的"讨论部分"是围绕学生主动思考、提问、回答进行的，真正实现了"以学生为中心"的教育方式。对分课堂的实施，能够帮助教师减轻机械性教学的负担，让教师和学生增加课堂交互，形成轻松、愉快的教学氛围；对于学生，除了掌握知识，更能有效培养其逻辑性思维、批判性思维、创造性思维能力。

在EDA技术与实训的具体实施中，综合考虑到了应用型本科院校课程的特点和学生的特点而将任务驱动教学法和对分课堂教学模式结合起来,取长补短。因此本书中的任务驱动式对分课堂教学模式是指将任务驱动教学法和对分课堂相结合的一种混合式教学模式。课前教师需要具体划分课程任务，本课程划分的任务为：认识EDA技术及可编程逻辑器件，全加器电路设计，3人多数表决器电路的VHDL设计，简易8路抢答器电路设计，计时器电路设计，交通灯控制器电路设计，综合设计。每一个任务结合课程内容又会分为几个具体的任务点，教师以大任务导入，每节课解决一个关键任务，将关键任务分为几个具体的任务点，以任务点为单位进行课中授课。

传统的课程教学是教师课前发布任务，传统课中教学包括准备上课、复习旧知、讲授新知、巩固新知、布置作业五个步骤，共 90 分钟，其中教师展示讲解（40 分钟）、学生练习（25 分钟）、学生反馈＋教师讲解（10 分钟）和学生练习整改（15 分钟），课后学生书写并提交实训报告。传统实训课程教师讲解耗时长，课中占比大，学生动手实践时间少、机会少，使得相应的动手操作能力有待提高。

任务驱动式对分课堂教学模式将传统的"五步教学"转变为教师需要知识讲授、组织讨论、巡视实践、总结交流四个步骤，学生需要知识学习、方案讨论设计、小组实践、总结交流四个步骤。其中教师讲授、学生知识学习步骤共 20 分钟，教师组织讨论、学生方案设计共 10 分钟，教师巡视、学生小组实践大约共 50 分钟，师生交流共 10 分钟。对分课堂"四元"模式中，"教师讲授"保留了传统课堂讲授式教学的优点，但不是不分重点、面面俱到地讲授，而是讲逻辑、讲要点、讲方法的精讲，留下合适的知识空白供学生自主思考。"教师组织讨论学生方案设计"要求学生消化吸收精讲内容，通过自主学习填补知识空白，培养主动思维能力，也为小组实践做好准备，在这个过程中教师可以结合研讨式教学法和基于问题学习教学法，通过抛出问题，保证学生讨论不会偏离实验内容。"教师巡视学生小组实践"提供小组合作学习、相互交流平台，通过组内实践共同解决部分问题，促进学生之间相互交流、配合和深度研究，培养学生分析、应用、评价等高阶思维能力。"师生交流"促进师生互动和生生互动，通过对话交流打造有思想、有深度的课堂。培养学生高阶思维能力首先就是要让学生学会提出问题，对分课堂一个重要创新就是以问题驱动学生学习，要求学生独立完成知识内化吸收并将成果以问题的形式呈现，即形成"师生交流问答"作业。在前述小组实践环节的过程中，小组共同探索解决一些问题，完成任务后，必定会有一些心得体会，在此基础之上进入"师生交流问答"环节。"师生交流问答"是需要学生展示一个亮点，提一个疑难问题，回答一个疑难问题。一个亮点是学生自己认为实践过程中一个重要或关键的环节；提一个疑难问题，就是学生实践过程中可能还没有解决，需要大家相互帮助来解答完成的问题；回答一个疑难问题，就是回答其他组提出的疑难问题。在"师生交流问答"问题驱动下，学生通过知识学习、方案设计、小组实践和师生交流四个阶段，把一节课的知识分解成若干问题，其中一部分独立解决，还有一部分在小组讨论中得到解决，剩下仍无法解决的可以在全班交流时相互交流或由教师给予解答。通过这样逐层推进、循序渐进的问题驱动式的学习，学生发现问题、提出问题、解决问题的能力得到不断加强，小组讨论和全班交流环节可以使学生的问题得到评价，剔除掉质量不高的问题，留下的都是经过充分思考后提出的"好问题"，这个过程对培养学生分析、综合、评价等高阶思维能力大有裨益。

5.1.2 EDA 技术与实训课程的相关情况

EDA 技术实践是电子信息、自动化、微电子等电类本科专业的学科基础课程，40 学时，授课对象是大学二年级下学期的本科学生。课程教学内容向下联系数字电路等电类基础课程，向上直通学科技术前沿，是一门理论性、实践性、综合应用性很强，极具新工科特征的课程。课程的主要内容包括：常用 EDA 工具的使用方法、PLD（Programmable Logic Device，可编程逻辑器件）的开发基本流程和技术以及 VHDL 的语言规范及编程方法。通过学习和实践，使学习者能使用常用 EDA 软件平台，应用 VHDL 语言在 CPLD/FPGA 芯片上完成简单电子产品的设计、仿真和硬件测试，为现代 EDA 工程技术的进一步学习，ASIC 芯片的设计，以及国家的智能装备和智能制造战略奠定知识基础。EDA 技术已成为现代电子工程师应具备的基本能力。本课程以项目引导、任务驱动，选择人们熟悉的电子小产品作为项目载体，将项目分解为多个任务，将晦涩难懂的 VHDL 理论知识点分散到各任务中学习。通过学习和实践，使学生能应用 VHDL 语言在 CPLD/FPGA 芯片上完成简单电子产品的设计、仿真和硬件测试。

EDA 技术实践课程从学校总体办学目标和新工科建设要求出发，以先进的可编程逻辑器件为硬件载体，以现代化设计方法为主要技能，课程目标定位于全面培养学生电子系统设计与实现的综合能力。具体来说：

知识目标：掌握可编程逻辑器件的结构和工作原理；掌握硬件描述语言的基本语法和描述方法；掌握使用 EDA 开发平台进行数字电路设计的方法。

能力目标：具备使用硬件描述语言实现数字逻辑单元电路设计的能力；具备分析实际工程问题，应用 EDA 开发平台实现数字电子系统设计，并进行调试、改进的能力。

价值目标：培养学生理性务实的科学精神，精益求精的工匠精神，开拓进取的创新精神；培养学生勤沟通、善协作、能吃苦、有始终的职业素养；培养学生将个人发展融入历史洪流，立志科技报国的社会责任感。

5.2 EDA 技术与实训课程教学现状调查

新工科建设目标和我校工程应用型人才培养的办学定位，给课程的人才培养提出了新要求。而课程、学生、教师各自的情况与特点，也给以学生为中心的教学创新提出了新问题。

1. 课情、学情、教情

（1）课程特点

EDA 技术实践不同于传统理论课程，教学内容围绕工程应用展开。其中的"硬件原理"与"软件语言"相对独立，难以形成完整体系。加之核心知识"硬件描述语言"语法多、知识点散、抽象性强，学生学习较为吃力。

（2）学生情况

"00 后"的学生习惯于多渠道、碎片化获取知识，对系统性的学习缺少专注力。另外，他们相对内向，不喜欢公开表达，在教学活动中总处于被动地位。

（3）教师习惯

任课教师普遍习惯按知识体系组织教学内容，缺少组织碎片化知识内容的实践；缺少以任务目标为主线、认知发展为原则的教学设计；缺少以学生为中心组织教学的尝试；缺少给学生精确指导的经验。

2. 课程教学的痛点与要解决的问题

以上的情况决定了课程的核心痛点是课程教学以知识体系为中心，无法有效形成教师指引下的学生自主学习。"以学生为中心"的教学应该是学生学起来容易，且能够不断向上探索的开放式学习。

在课程教学创新实践中，要着力解决以下三个问题：

（1）课程教学缺少驱动学习的目标主线。教学内容组织不符合由浅入深的认知发展规律，不能构建知识点间的紧密联系；难以指引学生学什么，怎么学。

（2）课程教学在打造高阶性、创新性上缺少有效的突破。教学内容开放性差，教师缺少指引学生向上发展的系统性方法，学生发展道路不畅。

（3）课程全面育人效果不突出。不能深入塑造学生的科学精神、家国情怀等重要价值观念，难以激发学生学习的内在动力。

5.3 EDA 技术与实训课程教学改革策略

突出以学生为中心，以问题为引导，以工程案例为牵引，建设课程的课程图谱树，针对学生的特点和课程的内容，把一部分知识以任务的形式布置下去，让学生以个人或小组的形式完成课前检测，课中以小组为单位针对工程案例进行讲解。

EDA 技术与实训是一门实践性很强的专业必修课。这门课程将讲授 EDA 技术的基本概念和发展状况，可编程逻辑器件的结构、特点以及工作原理，EDA 开发软件 Quartus II 的功能和使用方法，硬件描述语言 HDL 编程和电路设计等许多和 EDA 技术有关的知识。更重要的是，课程还要帮助学生掌握综合运用 EDA 软件、可编程逻辑器件和硬件描述语言，通过计算机和 EDA 开发平台完成电子系统设计、仿真、调试等一系列实践操作，初步具备应用 EDA 技术进行电子系统设计的能力。

因此课程利用线上线下混合式教学模式，课中采用应用实践主导、讲练结合的对分课堂教学模式进行。

1. EDA 技术实践的线上教学

为了配合课程改革，教学团队重新梳理课程教学内容，把 EDA 技术与应用课程内容体系归纳为"四点一线"。"四点"即 EDA 技术的四个基本要素：大规模可编程逻辑器件、硬件描述语言、EDA 软件开发工具、实验验证平台；"一线"即以电子系统综合设计为主线，贯穿上述四个方面的学习和实践。目前已建设完成教学大纲、授课计划、教案讲稿、教学课件、教学视频、习题库、实验指导等基本教学资料。课程团队还建设了 MOOC，录制教学微视频 34 个，总时长约 308 分钟，在线测试题目 300 多个，讨论主题 30 余个，2019 年已经在学堂在线、河北高等教育在线等平台上进行发布，供学生线上学习、讨论、测试等。授课教师还充分利用雨课堂、学习通等数字化教学工具增强师生互动，促进学生探究式、讨论式学习，推进线上线下学习有机融合，丰富了课堂教学手段。

2. 课程教学内容及组织实施情况

混合式教学的关键是教师和学生角色定位要清晰、线上线下二者关系要融合。一定要坚持学生是学习的主体，教师要起到引导作用；知识转化在线上、知识固化和能力提升在线下的原则。例如教师要在课前发布线上学习资源、布置学习任务、明确预习目标，引导学生开展预习；学生及时接受预习任务，自主完成线上学习和检测，并且提出问题进行交流讨论，完成预习。课堂教学也是以学生参与式学习为主，教师根据学生预习情况有针对性地进行教学设计，引导学生开展研究、讨论、创新、交流，对一些重点难点可进行适当讲解；学生可以分组的形式进行合作学习与团队竞赛，增强学生的团队意识和集体荣誉感；教师可以运用雨课堂等数字化教学工具增强课堂交互，提高课堂效率。教师在课下可以利用在线学习平台或数字化教学工具发布学习任务，引导学生通过线上学习方式完成对所学知识的巩固加深；还可以在线答疑，解决学生在线下学习中遇到的困惑和问题。

3. EDA 技术与实训课程教学改革实践

为了解决上述问题，课程团队紧扣学生培养目标和课程教学目标，从课程教学设计和课程教学实践两个层面出发，设计了能够提供精准学习指引、帮助学生自主学习的"课程图谱树"教学法。努力在课程教学上做到稳基础、提上限，致力于让学生明价值、会学习。

（一）课程教学设计创新

1. 以学生为中心，种下课程教学"课程图谱树"

"课程图谱树"教学法是以学生为中心，将教学内容按照问题导向的思路，进行"课程图谱"式重构。打造能够帮助学生自主学习的指引性、开放性课程教学体系。

EDA技术实践的"课程图谱树"以教书育人为"根",从学生视角出发,将"怎样使用EDA技术实现数字电子系统设计"确定为课程内容要围绕、要解决的中心问题,构成课程知识体系的"主干"。将可编程逻辑器件、硬件描述语言、电路功能描述方法等内容作为"枝叶",是由中心问题发散出的"硬件基础之问""设计工具之问""实现方法之问"。将数字单元电路设计、数字电子系统设计等内容看作"果实",以知识、技能的综合应用回答课程的中心问题。同时,课程还通过多种形式鼓励学生开放视野,走出课内知识,积极探索创新,在图谱中创造自己的"问"与"答"。师生的"问"与"答"共同构成一张开放的、能够指引学生自主学习的EDA技术实践的课程图谱。

2. 以认知发展为原则,构建知识层次化新体系

课程组依照"课程图谱树"教学法,打破传统的金字塔式知识体系,依照学生认知发展过程组织内容。课程将教学内容设计为理解、应用、综合三个层次。

理解层次知识性内容多,教师课堂讲授核心知识,指导学生看视频、查资料,自主完成细节学习;再利用分组任务、实验等方法检验学生学习成果。

应用层次的两部分知识相对独立,课程选择将内容打散重构,由电路的描述方法做"枝"(驱动问题),贯穿支撑起"硬件描述语言"的"叶",形成图谱结构。混合式教学设计中,课前、课中、课后难度层层递进。教学重心放在课堂,通过讲授、习题、互动游戏、分组任务、实验等形式帮学生打牢基础。

综合层次以课程设计等综合实践为主,回答"怎样使用EDA技术实现数字电子系统设计"这一课程中心问题。学生通过设计、演示、答辩、改进扩展等多种形式展示课程学习效果。

3. 以课程思政为抓手,引领学生全面发展

EDA技术实践的思政内容从"课程图谱树"教书育人的"根"里汲取营养,贯穿于全课程的"枝干"当中,展现跳出窠臼、高屋建瓴的思想指引。课程以培养学生工程师必备的精神与品格为目标,设计了"四横两纵"的课程思政网

络。以认识观、价值观、理想信念、民族精神做纬线，工程师基本素养和工程师的使命感为经线。经线以课程各模块驱动问题的解决方法为切入点，再沿纬线推进展开，形成了8个思政主题，以及围绕其建设的思政案例库。

以"运算操作符"模块为例，课程在驱动问题"如何描述复杂电路"中，加入了描述方法对比，并以此引出"设计方法的优劣，应平衡各类需求考虑"的工程思维，进而展开到个人生活和社会发展的价值观层面。而在实践为主的教学模块，则不拘泥于讲授，更致力于让学生在交流、讨论、实践中体会课程思政所要传达的精神内涵，做到知事理、明价值。

（二）课程教学实践

1. 优化混合式教学形式，有效提升整体学习效果

课程的混合式教学组织，也是按照"课程图谱树"的问题驱动原则设计，线上、线下学习场景主线统一，内容连贯，难度渐进提升，符合学生认知发展规律。课前视频学习、资料查阅、代码仿真等任务灵活设计；课堂讲授、讨论、互动游戏、实验等不学生习方法合理应用；课后引导学生从竞赛、科研寻求突破创新。保证了学生课前能看懂，课上能学精，课后有发展。经过改革，课程教学更容易被学生接受，掉队现象明显减少，很好地做到了稳基础。

2. 共植"课程图谱树"，指引自主学习进阶路线

EDA技术实践教学中应用"课程图谱树"教学法，极大提升了课程学习的指引性和开放性。教师在延"枝干"讲授知识点的同时，指引学生开展检索式、研究式学习，将课程推向高阶性和创新性。

以"运算操作符与电路描述"模块为例。该模块讲解8类独立的运算操作符，知识点松散，充分体现了"语言"类内容的特点。课程用"如何描述复杂电路和抽象功能"作为本节的驱动问题，教师将运算操作符当做解决问题的工具依次呈现出来。水到渠成时，再利用习题和互动游戏的方式，让学生自己来解答本节的中心问题。

同时，教师以共享思维导图形式，精准指引学生完成开放学习内容。其中，

通过检索式学习解决"运算操作符优先级"等细节问题；通过研究式学习对比探究描述方式与综合电路的联系，衔接高阶知识，探索创新扩展内容。教师还鼓励学生将自己发现的有益内容，用共享思维导图工具添加到"图谱树"当中，师生共同为开放性的"课程图谱树"添枝增叶。通过以上举措，学生能够更好理解学习的目标、路线，擅长主动求知、探索，真正做到了会学习。

3. 课堂交互擦出火花，能力培养全面提升

课堂互动是吸引学生参与学习活动，保证教学效果有效传导的重要手段。课程根据学生普遍内向、不张扬的特点，使用雨课堂、网络通信软件等现代化工具，创造适合学生的交互渠道；通过提问、讨论、问卷、小组任务、翻转课堂等形式，设计有价值的交互内容。

课程创新设计了小组竞争互动游戏——人机翻译官和错误调查员，为枯燥的代码编写加入了竞争性和乐趣性。互动游戏通过"设计—执行""编程—查错"两种小组对抗方法，以轻松愉快的形式活跃了课堂气氛，解决了传统题目枯燥而脱离实际工作场景的问题，让学生的能力更综合、更全面。有利于学生在课程后期的综合设计中分工协作，完成高难度的任务；有利于学生快速参与学科竞赛或教师科研工作。达到了人才培养提上限的作用。

4. 考核方式优化升级，正向驱动全面提升

考核是课程学习效果的验收活动，也教学管理与激励手段。课程将考核评价设计为三类，如图8所示：

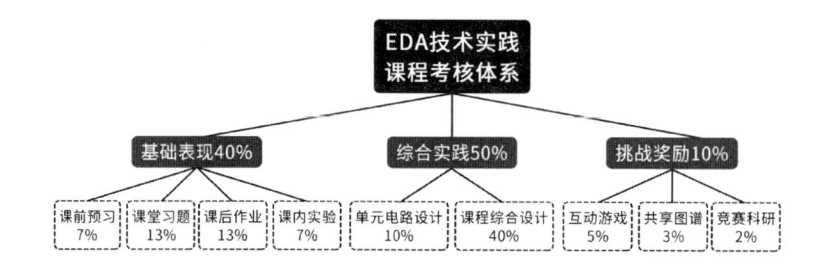

图 8 EDA 技术实践课程考核体系

图8中，基础表现成绩，占总成绩40%，是用于考核学生常规学习情况的

过程评价。借助混合式教学模式，结合雨课堂和学习通平台产生的海量学习数据，对学情进行大数据精准追踪、及时干预，保证学生养成良好学习习惯、稳固基础不掉队。综合实践成绩，占总成绩50%，对学生EDA技术综合应用能力进行终结性评价。从知识、能力、价值多目标，认识、实践、行为多维度，教师、同组、自我多视角全面评价学生表现。挑战奖励成绩，占总成绩10%，表彰学生在互动游戏、共享图谱和个人发展中的优异表现，是课程高阶性内容评价的重要组成部分。新的评价方式，为教学过程管理增加了科学性，也对学生产生了很强的内在驱动力，对提升学习效果有十分积极的贡献。

5. 学思对分，教学模式的革新走出课堂教学困境

传统课堂教学模式以讲授为主，教师是整个教学活动的主导者，学生处于被动学习地位。随着高等教育大众化以及信息技术快速发展，传统教学模式的弊端日益显现。学生上课玩手机、不认真听课的现象增多；课堂教学目标被迫一再降低，只能局限于背诵、记忆或简单理解等较低层次，对分析、应用、评价、创新等高阶思维能力培养严重不足；学生总是等着教师的"标准答案"，越来越不习惯主动思考。

以上问题的主要原因在于以讲授为主的教学模式已不适应当前教育，若不改变学生目前学习的现状，课堂教学将很难走出困境，"以学生为中心"更是无法落实。EDA技术实践遵循学生认知规律，采用对分课堂（PAD-Class）的教学模式，保留一部分时间由教师进行讲授，留出一半时间让学生以小组为单位进行讨论，在学生的相互讨论中相互启发，以辩促思，特别是在讲授和讨论之间插入一个"内化吸收"环节，让学生除了有组内讨论之外，还有一个自主学习、独立思考的过程，对讲授内容进行消化吸收后再展开讨论，变"即时讨论"为"延时讨论"，有效提升了讨论的质量。

在具体实施中，对分课堂将传统讲授式课堂转变为精讲留白、内化吸收、小组讨论、师生交流的新模式，课堂教学从以教师为中心转变为以学生为中心，促进学生的学习行为和学习态度发生根本转变。对分课堂中，"精讲留白"保留了传统课堂讲授式教学的优点，但不是不分重点、面面俱到的讲授，而是讲逻辑、讲要点、讲方法的精讲，留下合适的知识空白供学生自主思考。"内化

吸收"要求学生独立消化吸收精讲内容，通过自主学习填补知识空白，培养主动思维能力，也为小组讨论做好准备。"小组讨论"提供合作学习、相互交流平台，通过讨论解决部分问题，促进学生深度研究，培养学生分析、应用、评价等高阶思维能力。"师生交流"促进师生互动和生生互动，通过对话交流打造有思想、有深度的课堂。

5.4 EDA 技术与实训课程教学案例

现在以组合逻辑电路设计教学内容为教学案例进行介绍。

（一）课前学习阶段

教师通过超星泛雅线上平台发布项目任务书，学生 4 人结组选择题目。学生选择题目后观看超星泛雅平台上项目微课并针对任务的指标进行理解，然后在线上平台讨论；教师课前通过超星泛雅线上平台答疑并收集学生的问题。

课前教学设计如下：

实训项目名称：组合逻辑电路

学习方式：在线学习

学习地点：自主选择

学习目标：

知识层面

1. 能记忆 Verilog 的三种描述风格；

2. 能说出关系、算数、逻辑、并置等运算符的使用规则；

3. 能正确独立地写出应用运算符实现逻辑的 Verilog 代码。

能力层面

1. 能设计特定逻辑功能电路的运算符 Verilog 代码；

2. 应用各类运算符能描述组合逻辑电路。

素质层面

1. 多个角度认识工程设计的人员、成本、效果等要素。

2. 理解工程设计和生活行事都不能求全责备，应领悟到没有完美无缺，只有恰到好处。

课程重点：

1. 数字电路的描述方式属于概念性、理解性内容；

2. 运算操作符包含了算术运算符、逻辑运算符、关系运算符、连接运算符等。

课程难点：

1. 正确掌握组合逻辑运算电路的程序语法；

2. 正确理解组合逻辑运算电路的运算操作符数量多，应用方式。

【教师活动】通过超星泛雅在线学习软件，将组合逻辑电路的通过学习通平台，具体任务如下：

1. 观看视频《常量、变量与信号》，并完成配套的单元测验（课前作业）。

2. 回顾组合逻辑电路功能表示方法。写出 3 位全加器的多种表示方法。

【学生活动】学生进行的主要任务如下：

1. 进行课前视频学习，完成相关的作业与知识检测（课前作业）；

2. 以学习小组为单位，回顾组合逻辑电路功能表示方法。

【学生活动】在课后自由选择时间，通过超星泛雅在线平台认真观看，直至学会，若有疑问可在线上平台参与讨论或记录下来。

【教师活动】通过学堂在线学习软件，将预习测试发布给学生。其内容如下：

1. 判断题

（1）位置关联法，关联表述的信号位置可以不固定。（ ）

（2）从应用领域看，EDA 技术只能用于电子设计中。（ ）

2. 填空题

（1）EDA 的含义是（   ）；

（2）大规模可编程器件 CPLD 通过（   ）实现其逻辑功能（   ）；

（3）可编程逻辑器件的英文简称是（   ）。

3. 选择题

(1)（多选）EDA 技术的构成要素包括（　　）。

A. 可编程器件　　　　　　B. 硬件描述语言

C. 集成开发环境　　　　　D. 实验开发平台

(2) 现阶段 EDA 技术中，设计的载体是（　　）。

A. 可编程逻辑器件　　　　B. 硬件描述语言

C. 集成开发环境　　　　　D. 实验开发平台

(3) EDA 设计中主要的表达手段是（　　）。

A. 可编程器件　　　　　　B. 硬件描述语言

C. 集成开发环境　　　　　D. 实验开发平台

(4) 在 EDA 设计中，使用的自动化工具是（　　）。

A. 可编程器件　　　　　　B. 硬件描述语言

C. 集成开发环境　　　　　D. 实验开发平台

(5) 在 EDA 设计中，实现下载和硬件验证的工具是（　　）。

A. 可编程器件　　　　　　B. 硬件描述语言

C. 集成开发环境　　　　　D. 实验开发平台

(6) CAE 的中文含义是（　　）。

A. 计算机辅助设计　　　　B. 计算机辅助教学

C. 计算机辅助工程　　　　D. 电子设计自动化

(7) CAD 的中文含义是（　　）。

A. 计算机辅助设计　　　　B. 计算机辅助教学

C. 计算机辅助工程　　　　D. 电子设计自动化

(8) 下列对 CPLD 结构与工作原理的描述中，正确的是（　　）。

A. 在 Altera 公司生产的器件中，FLEX10K 系列属 CPLD 结构

B. CPLD 是现场可编程逻辑器件的英文简称

C. 早期的 CPLD 是从 GAL 的结构扩展而来

D. CPLD 是基于查找表结构的可编程逻辑器件

【学生活动】在课后自由选择时间，通过云班课在线学习软件认真完成，若有不会的记录下来。

【教师活动】通过学堂在线学习软件，将视频的资料包发布给学生。

【学生活动】在课后自由选择时间，通过学堂在线软件认真学习，若有疑问可以随时与教师联系提问或记录下来。

【教师活动】在课前选择时间收集平台上的问题，确定上课的重点与难点，并进行相关的教学设计。

(二) 课中学习阶段

本次教学实践课中练习采用分散的形式进行，其中教学设计如下。

学习目标：

知识目标

1. 掌握逻辑式的描述方式，正确理解数字电路逻辑功能的几种描述方式；
2. 掌握三种运算操作符的含义与应用方法，及其数据流属性；
3. 正确掌握数据流描述方法；
4. 实现基于OP27的加法运放电路并会使用相关仪器仪表进行故障检测；
5. 实现基于LM324的放大电路并会使用相关仪器仪表进行故障检测；
6. 实现3位并联比较器并查找故障；
7. 实现基于CD4511的显示电路并会使用相关仪器仪表进行故障检测。

能力目标

1. 学生通过互动游戏发现问题的解决方法，同时在交流中训练学生的沟通协作能力；
2. 学生从工程方法的角度理解工程思维方式和掌握工程中的价值判断原则；
3. 提升看待复杂系统性问题的视角；
4. 自顶向下设计的高阶思维的培养。

素质目标

1. 学生在实训操作过程前后，严格遵守实验室安全生产要求，认真听从教师的实训指令，保证有条不紊地完成实训任务，从而逐步建立服从意识；

2. 学生在实训操作过程中，遇到电路故障或者错误，学会不畏困难，耐心分析，从头到尾反复检查，逐步形成吃苦耐劳的精神；

3. 学生在与他人合作分工完成实训任务的过程中，学会主动承担自身工作的责任与义务，逐步形成工作责任意识。

学习重点：

1. 掌握三种运算操作符的执行逻辑，理解数据流描述的思路和方法；

2. 应用新知识完成代码功能分析、讨论，巩固数据流描述代表性的运算操作符；

3. 电路故障检测并解决故障能力。

学习难点：

1. 掌握采用拼接运算符优化一位全加器的设计方法，同时掌握驱动问题的解决方法；

2. 正确完成设计的硬件验证；

3. 形成自我管理能力、反思能力；

4. 养成严谨的工作态度和精益求精的学习态度；

5. 形成服从团队的意识。

教学环节

【教师活动】 学生在数字电路课程中已熟悉利用逻辑式、真值表和逻辑图对逻辑电路进行分析和设计。由此引入 Verilog 的描述方式，有助于学生对比掌握，有意识地进行代码设计规划。

【学生活动】 参与教师关于描述方法的引导提问，理解本节学习重点，认识 Verilog 的描述方法。

【教师活动】 教师结合数字电路硬件属性细致讲解三种运算操作符的含义与应用方法，并点名其数据流属性。

【学生活动】 在教师的讲解中，学习三种运算操作符的执行逻辑，理解数据流描述的思路和方法。

【教师活动】 组织学生通过雨课堂习题练习数据流描述的应用方法。

【学生活动】应用新知识完成代码功能分析、讨论，巩固数据流描述代表性的运算操作符。

【教师活动】结合 C 语言的旧知识，讲解关系、条件运算符。重点强调其行为描述特征及硬件属性。

【学生活动】在已有知识的基础上，结合数字电路认识 Verilog 中的条件、关系运算符，并通过参与雨课堂习题，熟悉操作方法。

【教师活动】将课程引回驱动问题——全加器设计。通过拼接运算符的讲解，启发学生讨论，研究以行为描述优化代码编写。

【学生活动】讨论采用拼接运算符优化一位全加器的设计方法，同时思考驱动问题的解决方法。

【教师活动】教师发放任务，引导学生通过互动游戏发现问题的解决方法。同时在交流中训练学生的沟通协作能力。素质教育方面，游戏训练了学生代码编写基本功，总结、表达的语言能力和沟通协作能力。

【学生活动】学生以竞争性形式完成设计任务，解决了本节的驱动问题。在教师提问时，训练自身表达能力。

【教师活动】互动游戏——人机翻译员：基本 3 位全加器设计。讲解不同电路描述的区别，从工程方法的角度入手，向学生传递工程思维方式和工程中的价值判断原则。"电路最佳描述方式"既是知识性内容，又是对代码设计思路的一次总结。用一个设计者、资源、功能难以平衡的议题，为学生升级了看待复杂系统性问题的视角，与工科人应有的处事观念一脉相承，具有很好的思政教育价值。

【学生活动】结合设计过程，体会工程思维对设计应用原则的影响。

【教师活动】教师以 3 位全加器电路的设计与硬件验证为内容，安排学生协作学习，以小组为单位编译、仿真观察现象。组织学生以小组为单位开展 3 位全加器电路的硬件验证。解答实践过程中学生出现的问题。

【学生活动】以小组为单位进行实践，有问题可以组内讨论，或咨询指导教师。

【教师活动】从项目设计和实现流程的角度，总结提炼 3 位全加器电路实现思路。在课堂实践环节的设计方面，重点是工程实证意识的养成，以及最终完成本节驱动项目时带来的收获感体会。努力使学生获得超出知识、技能的学习体验。

（三）课后学习阶段

学习目标：
能力目标
1. 提升电路功能的描述能力；
2. 提升 Verilog 多种运算能力；
3. 熟悉多位全加器的 Verilog 设计流程，包括设计输入、编译、仿真、下载等；
4. 在协作学习中，体验团队工作的效率和优点；
5. 在应用功能的完善升级中，加深对工程设计的原则和方法的认识；
6. 学习 EDA 技术的模块化设计方法，培养自顶向下设计思维。

素质目标
1. 培养学生的工程思维；
2. 增强学生的团队协作意识；
3. 培养学生分工合作的意识和能力；
4. 学生角色变换，被赋予了模块技术负责人的角色，规避了学生缺乏系统设计思维的缺陷，形成了有效学习参与。

学习重点：
1. 串行移位寄存器的设计；
2. 元件例化语句。

学习难点：
利用 Verilog 实现逻辑较为清晰的单元电路设计。

反思课中的问题：

学生已经掌握了硬件描述语言的绝大部分知识内容，具备了描述数字电路的基本能力。

历年的教学显示，现阶段是学生对课程学习兴趣最高的时刻，非常适合增加一些难度，让他们体会挑战的乐趣。

3. 学生现阶段还处于能力形成的过程中，在利用 Verilog 实现单元电路的过程中缺乏必要技巧和经验，实践中出错率比较高。

4. 学生在本阶段会有机会巩固前面的语法知识，并形成 EDA 设计的基本习惯。教师要注意用设计思维、工程习惯去培养与引导，整合学生的知识、能力体系，帮助他们完成跨越式的提升。

学习环节：

选择题

1. 任一可综合的最基本的模块都必须以什么关键词为开头（　　）。
 A. Endmodule　　B. always　　C. assign　　D. module
2. 下面哪一个不是标识符（　　）。
 A. 信号名　　　B. 端口名　　C. 关键词　　D. 模块名
3. 下面那些是 Verilog 的关键字（　　）。
 A. input　　　B. a　　　C. module　　D. y
4. 下列哪些是 Verilog 中的循环语句关键词（　　）。
 A. while　　B. for　　C. parameter　　D. repeat
5. （多选）以下哪些是基于查找表结构的器件（　　）。
 A. PLA　　B. PAL　　C. GAL　　D. PROM　　E. FPGA　　F. CPLD
6. 以下哪些属于简单 PLD（　　）。
 A. PLA　　B. PAL　　C. GAL　　D. PROM　　E. FPGA　　F. CPLD
7. 以下哪些属于复杂 PLD（　　）。
 A. PLA　　B. PAL　　C. GAL　　D. PROM　　E. FPGA　　F. CPLD
8. 行为描述方式通常采用以下哪些语句进行过程赋值（　　）。
 A. assign　　B. initial　　C. moduler　　D. always

【学生活动】 在课后自由选择时间，通过学堂在线学习软件按时认真复习。

【学生活动】 认真撰写，并定期上交。

【教师活动】 开放在线交流平台，例如 QQ、微信等。

【学生活动】就本次实训前后自己未解决的困惑，或者对本次实训教学的建议与意见，通过在线交流平台与教师进一步研讨。

5.5 EDA 技术与实训课程教学改革反思与推广

（一）EDA 技术与实训课程教学改革取得的成果

从学生反馈和后续发展情况来看，学生认可课程灵活的教学方式和较高的课堂参与度高。同时，同行和专家也认为，课程的教学改革符合学校定位和人才培养目标。课程教学效率提升明显，教学效果有长足进步。

1. 学生收获与发展

课程通过"课程图谱树"教学法的创新，使学生真正成了学习的主体，学生努力向上的动力、自主学习能力有了较大的进步，综合素质全面提升。近年来，课程团队成员多次指导学生在全国大学生电子设计竞赛、大学生创新创业训练计划等竞赛和实践项目中获奖，多次指导学生参与高水平科研项目。

2. 教师成长与进步

课程团队在教学创新中成长显著。近年来，团队成员承担省级、校级教研教改项目各 3 项，科研项目 4 项。2021 年，课程教学团队荣获河北省优秀教学团队称号。团队通过座谈、示范课等形式积极传播改革理念和教学经验。团队成员参与其他课程的建设和改革，也帮助产生了一系列教学成果。

（二）EDA 技术与实训课程荣誉与推广

EDA 技术实践的课程改革创新，得到了诸多肯定。课程先后获批 2018 年河北省首批精品在线开放课程、2020 年河北省线上线下混合式一流本科课程。

课程在线教学资源和教学设计在校内外推广使用，取得了良好的教学效果和示范效应。课程的学堂在线 MOOC 上线以来，选课人数已超过万人。河北农业大学、河北地质大学、华北理工大学等院校先后使用课程资源开展混合式教学，都给出很高的评价。

在新工科建设的背景下，EDA 技术实践课程秉承以学生为中心的教学理念，创新性地设计了 EDA 技术与实训课程教学改革"课程图谱树"教学法。通过问题导向的思路重构课程教学设计，优化教学方法，通过共享思维导图、课堂互动游戏等原创教学手段，全面提升了学生的综合能力；借助"课程图谱树"精确的学习指引作用，帮助学生在开放的环境下求知、探索。在 EDA 技术实践课程中，团队教师与学生共学生习，共同创造，共植教学"课程图谱树"。

第 6 章　电子技术综合实训课程教学改革

6.1 电子技术综合实训课程教学改革的相关背景

电子技术综合实训是北华航天工业学院电子信息、自动化、微电子等电类本科专业的一门重要的实践性课程，40 学时，授课对象是大学三年级下学期的本科学生。课程的内容包括：（1）正确理解单片机原理与接口技术课程的基本概念、基本理论；（2）掌握单片机控制系统的工作原理、性能和特点；（3）掌握 MCS-51 系列单片机引脚功能和常见外围电路；（4）掌握 C51 编程的基本方法；（5）能应用所学的知识去设计简单的单片机应用系统电路和编写 C51 程序；（6）熟悉单片机应用产品开发基本过程，掌握单片机软、硬件联合调试仿真方法等。课程的目标是通过一个以工程实践或社会生活为背景的电子系统的研究、设计与实现，使学生能将已学过的电路、模拟电子技术、计算机程序设计、单片机原理及接口技术、电子 CAD 与电装实习等课程所学知识综合运用于电子系统的设计中，从而培养学生知识综合应用及电子系统设计的能力，这是在所有实践性课程中最具活力，最能培养学生的自主学习与实践能力，培养学生创新思维的课程之一。在教学中可以根据学生专业发展方向的实际要求，选择不同的实践课题。

6.2 电子技术综合实训课程教学现状调查

在大力倡导一流课程的发展的背景下，近两年注重"创新性、高阶性和挑战度"的课程建设呈现井喷式发展。通过调查，发现国内应用型高校电子技术综合实训课程大致存在以下三个方面的问题。

1. 缺乏优质教材。目前，市场上有很多项目式的相关教材，里面的内容几乎都是"流水灯的设计""音乐盒的设计""电子秒表的设计""在点阵上显示汉字"等。这种内容相对比较成熟，难以拓展学生的学习思维和激发学生的学习兴趣。这些内容的知识点确实是紧密相连的，但是在学生看来，这些内容都是独立的，导致学生很难将前后的内容联系起来。

2. 依赖实训设备的程度较高。很多院校都会购买相关的单片机实验箱等设备，打造现代实训室，这确实能够帮助提高教学质量。但是过度依赖实训设备，一旦离开实验室走进实际的项目，很多学生都不知道怎么将单片机技术应用到实际电路中，而且，长期的实验会反反复复地拆接线和下载程序，单片机实验箱的很多设备都容易受到损坏，从而影响教学的进度和质量。

3. 课程缺乏整体项目化实施。传统项目式教学，项目之间的内容关联性不够强。可能学生在电子技术实训里完成一个项目后会有一定的收获，但是如果整门课程是一个大的项目，不同的组在完成一个整体项目的一部分，最后各部分联合起来实现一个项目的运行，学生的成就感应该更强，对于学生的学习可以形成正向激励的循环。

4. 考核内容系统化不高，难以考查学生情感，难以激发学生发展动力。布卢姆认知理论将认识分为：知识、领会、应用、分析、综合和评价 6 个层级。班级内学生的理论知识、理实结合的能力、动手实践能力等均不完全一致，部分学生在实训的过程中难免会遇到困难，学生对待困难的态度以及克服困难的过程也应该纳入课程考核中。传统课程的考核更关注学生的结果，忽略了实训的过程，忽略了学生的基础，忽略了学生的进步，学生在原来基础上的尝试与努力并未被正向肯定，难以激发学生的学习动力。

6.3 电子技术综合实训课程教学改革策略

改革传统的电子技术综合实训，以培养学生能力为中心，开发具有灵活、开放和综合性特点的单片机实验实训项目，以充分地调动学生学习的兴趣。从以下几个方面对电子技术综合实训进行了教学改革的尝试。

1. 以学生为中心，基于 OBE 理念按"任务驱动法"对实训内容进行调整

围绕智能机器人的设计，将单片机的基本知识，红外传感器、超声波传感器、火焰传感器等电子元件用于智能机器人的设计与制作，设计了控制机器人运动、机器人指示灯（转向灯、紧急灯）、机器人测距、机器人检测障碍物、机器人唱歌、机器人跳舞、机器人灭火、基于串行通信的直流电机测控等 8 个项目，不断地丰富机器人的功能，增强学生的求知欲，培养学生"我能学""我会做"的信心，增强学生的学习兴趣和学习主动性。项目之间的内容及知识点由易到难、紧密相连，组成一个有效的知识体系。依托单片机最小系统，学生分为 8 组分别完成这 8 个项目，最后 8 个项目联合实现智能机器人。学生的项目实训基于单片机的最小开发板，不再受实验室固定地点的限制，可以随时随地展开研究和测试，增加了实训的灵活性。

8 个项目中，控制机器人的运动，主要包含的知识点有：单片机 I/O 接口、for/while 循环语句、if/switch 条件语句、直流电机的控制。学习要求：了解单片机 I/O 接口；能将 for/while 循环语句应用到实际设计；能将 if/switch 条件语句应用到实际设计；能控制直流电机的正反转及调速。指示灯的设计（转向灯、紧急灯），主要包含的知识点有：子函数的编写格式、无参子函数和有参数子函数、按钮电路等。学习要求：熟悉子函数的编写格式；能编写无参子函数和有参子函数；能正确调用子函数；能用子函数来编写简单的程序。机器人测距的设计，主要包含的知识点有：定时器、超声波传感器、数码管。学习要求：掌握单片机的定时器的工作方式和设置；能正确选用定时器的工作方式；能使用超声波传感器测距。机器人检测障碍物，主要包含的知识点有：定时器、超声波传感器、数码管。学习要求：能正确使用红外传感器；能控制液晶屏显示字符；能正确控制有源蜂鸣器。机器人唱歌，主要包含的知识点有：无源蜂鸣器、中断系统。学习要求：了解 51 系列单片机的中断系统的应用；掌握 51 系列单片机中断的设置；掌握无源蜂鸣器的控制。机器人跳舞，主要包含的知识点有：电压比较器、唛头、定时器、中断综合应用。学习要求：掌握电压比较器的应用；掌握唛头的检测电路；熟悉单片机的应用。机器人灭火，主要包含的知识点有：光敏传感器、烟雾传感器、火焰传感器、水泵。学习要求：掌握光敏传感器的检测电路；掌握烟雾传感器的检测电路；掌握火焰传感器的

检测电路；掌握水泵的控制。基于串行通信的直流电机测控系统，主要包含的知识点有：串行通信、直流电机、定时器和数码管。学习要求：能正确使用串行通信；能正确使用定时器；能控制直流电机；能正确控制数码管。以上8个项目都要求在单片机最小系统的基础上完成仿真软件、硬件焊接直至该项目的测试、调试完成及在整个系统中的联调并实现。

2. 以学生为中心，改革实训教学方法，注重学生的创新能力培养

贯彻以学生为中心的教学理念，穿插应用课堂提问、分组讨论、启发教学等教学方法引导学生积极思考、主动学习、灵活运用，在培养专业能力的同时注重学习方法和社会能力的培养。在教学中，根据不同的学习单元、不同的学习性工作任务，采用不同的教学方法。另外，组织单片机系统设计创意作品展示活动，锻炼学生的协作能力、组织能力，提高学生的职业素养。在作品展示中，互相借鉴欣赏，增加对单片机应用创意的了解。要求学生自主组成团队，每位学生都要参加展示活动，鼓励学生勇敢地将自己的方案和想法表达出来，将自己的设计制作出来。

3. 以学生为中心，基于OBE理念，改革课程考核方式

基于OBE理念，电子技术综合实训采用过程性的考核方式，更关注学生的个体进步。基于OBE理念采用多元化考核标准，解决"如何考"和"如何评"的问题。为解决"怎么考"的问题，一方面，以OBE理念为指导，划分过程性和终结性考核阶段，均以实践项目为驱动，分四个环节开展考核。构思环节侧重考查学生对项目要求的解读能力、知识分析能力等；设计环节侧重组内任务分解、方案设计等；实现环节侧重考察项目的具体实现，遇到的困难以及如何解决困难等；操作环节侧重考核动手实践能力等。另一方面，针对不同阶段，过程性考核体现平时在学生原有基础之上的实践进步效果，终结性考核更侧重综合能力检验，同时结合信息化手段开展"定性与定量"结合的多元化考核，提高考核的准确性和效率。

为解决"如何评"的问题，课程以学生个人和团队为考核主体，构建可量化的考核等级与考核观测点，给出不学生生层次，不同实践环节，不同项目的

细化、可行的考核标准，设计考核标准体现 OBE 对"成果导向"的要求的同时，也满足对实践课程"高阶性""创新性""挑战度"的要求。学习成果可以是过程性考核中的预习测试、实践日志、课堂表现、操作数据记录等，也可以是终结性考核中的个人操作、小组对抗、试卷测试等形式。

6.4 电子技术综合实训课程教学改革实践

现在以基于串行通信的直流电机测控系统教学内容为例进行介绍。

（一）课前学习阶段

教师通过超星泛雅线上平台发布项目任务书，学生 2～3 人结组选择题目。学生选择题目后观看超星泛雅平台上项目微课并针对任务的指标进行理解，然后在线上平台讨论；教师课前通过超星泛雅线上平台答疑并收集学生的问题。

课前教学设计如下：

实训项目名称：基于串行通信的直流电机测控系统

学习方式：在线学习

学习地点：自主选择

学习目标：

知识层面

1. 学生掌握单片机芯片的工作原理、分类及典型实际应用；

2. 学生掌握串行通信模块的工作原理、分类及典型实际应用；

3. 学生掌握定时器产生 PWM 波的工作原理、分类及典型实际应用；

4. 学生掌握模数转换器 ADC 的工作原理及实际应用和数模转换器 DAC 的工作原理及实际应用。

能力层面

1. 学生在基于串行通信的直流电机测控系统完成的过程中，若遇到问题，可以利用手头的资源对问题进行尝试解决；

2. 提升学生将理论知识应用于实践的能力，提升实践环节发现问题、分析问题和解决问题的能力。

素质层面

学生通过团队协作增强合作意识，学会分工合作，提高交流表达能力，在项目完成的过程中培养吃苦耐劳的品质和探究精神。

实训项目重点：

1. 单片机定时器的工作原理及应用；

2. 单片机串行通信的工作原理及应用；

3. 直流电机的工作原理及应用；

4. 模数转换器 ADC、数模转换器 DAC 原理及应用。

实训项目难点：

1. 单片机定时器的工作原理及应用；

2. 单片机串行通信的工作原理及应用；

3. 直流电机的工作原理及应用；

4. 模数转换器 ADC 和数模转换器 DAC 的工作原理及实际应用；

5. 增强逻辑思辨力，培养学生遇到困难积极主动解决的意识。

课前学习过程

【教师活动】通过超星泛雅在线学习软件，将基于串行通信的直流电机测控系统的相关视频、资料、试题等文件发布给学生。

【学生活动】在课前自由选择时间，通过超星泛雅在线学习软件认真阅读，尤其是任务描述、学习目标与引导性问题部分，若有疑问可在线上平台讨论。

【教师活动】通过超星泛雅软件，将预习视频发布给学生，预习视频所含主要知识点如下：

1. 基于串行通信的直流电机测控系统的教学设计任务

（1）电机调速控制（I/O 口驱动、定时器、中断）

采用定时器产生 PWM 信号，通过按键控制 PWM 信号占空比调节，实现电机转速调节。该部分内容充分理解单片机 I/O 口、定时器、外部中断概念及应用。

（2）电机测速（计数器）

采用霍尔或者光电编码传感器实现数字脉冲测速信号，通过单片机外部计数器实现电机测速。该部分内容对外置传感器应用，充分了解计数器原理和扩展传感器原理。

（3）电机参数信息串行通信实时记录（通信和显示）

采集电机电流、电压、速度等信息，通过串口实时上传 PC 电脑端，并且存储数据和显示波形。同时通过本地显示器（数码管或者液晶显示器）实现相关参数显示。该部分内容用于理解动态显示和静态显示概念，同时包含串行通信。

（4）电机工作电压、电流信号采集（ADC）

通过外置 ADC 采集电机工作过程中的动态电压信号和电流信号，实时监控电机工作状态信息。该部分内容充分利用数据采集基本理论、ADC 基本原理和精度概念等。

2. 基于串行通信的直流电机测控系统的评分标准

（1）电路方案设计、工作原理及教师提问（20 分）：主要考察设计方案及电路设计是否合理可行，学生对整个设计的参与程度及掌握状况等；

（2）电路功能（50 分）：硬件系统功能调试与改正以及各项功能验证情况；

（3）实验报告撰写（20 分）：内容、格式、条理、表达是否完整合理清晰；

（4）平时成绩（10 分）：学习态度、出勤情况及能否遵守实验室规章制度、规范使用仪器仪表等。

【学生活动】在课后自由选择时间，通过超星泛雅在线平台认真观看，直至学会，若有疑问可在线上平台参与讨论或记录下来。

【教师活动】通过超星泛雅在线学习软件，将预习思考题发布给学生。其内容如下：

1. 如何通过单片机驱动较大电流电机？单片机 I/O 最大驱动电流多大？如果驱动 2A 电机如何设计电路？

2. 单片机同时完成测速、电压、电流测试，同时还要控制电机和响应调速按键检测，如何响应多个任务？单片机中断方式和查询方式有什么区别？

3. 如何把电机的速度信息转换为单片机可以识别的数字信号？有什么可行的方案可以实现？

4. 采集电机工作的实时电压、电流信号采样率多少合适？ADC 精度和误差如何分析？

5. 串口通信传输数据量多大？如何选择合适的波特率？如何保障传输数据的准确性？

6. 两足仿生（机器人）一般采用哪些电机和传感器？如何用 51 单片机去实现，会用到单片机哪些资源？

【学生活动】在课后自由选择时间，通过云班课在线学习软件认真完成，若有不会的记录下来。

【教师活动】通过超星泛雅在线学习软件，将基于串行通信的直流电机测控系统文档、激发学生学习兴趣的视频发布给学生。

【学生活动】在课后自由选择时间，通过超星泛雅软件认真学习，若有疑问可以随时与教师联系提问或记录下来。

【教师活动】在课前选择时间收集平台上的问题，确定上课的重点与难点，并进行相关的教学设计。

（二）课中学习阶段

本次教学实践课中的练习采用集中的形式进行，其中教学设计如下。
学习目标：
知识目标

1. 学生掌握 I/O 口驱动、定时器、中断和指令系统；

2. 学生掌握单片机定时器计数器及其相关指令；

3. 学生要理解并掌握串口通信、I/O 驱动、显示器（数码管、LED 灯、12864 等）及其相关指令；

4. 学生要理解并掌握模数转换器 ADC、数模转换器 DAC、指令系统。

能力目标

1. 学生可以运用单片机相关技术知识，学会对较难任务进行分析；

2. 学生可以按照实训任务内容，利用所学知识，对任务进行需求分析、方案策划、选择器件、模块化完成电路与整体电路的联调等；

3. 学生在面对较复杂实训任务时，学会与他人合作分工完成。

素质目标

1. 学生在实训操作过程前后，严格遵守实验室安全生产要求，认真听从教师的实训指令，保证有条不紊地完成实训任务，从而逐步建立服从意识；

2. 学生在实训操作过程中，遇到电路故障或者错误，学会不畏困难，耐心分析，从头到尾反复检查，逐步形成吃苦耐劳的精神；

3. 学生在与他人合作分工完成实训任务的过程中，学会主动承担自身工作的责任与义务，逐步形成工作责任意识。

学习重点：

1. 学生掌握 I/O 口驱动、定时器、中断、指令系统；

2. 学生掌握单片机定时器计数器及其相关指令；

3. 学生要理解并掌握串口通信、I/O 驱动、显示器（数码管、LED 灯、12864 等）及其相关指令；

4. 学生要理解并掌握模数转换器 ADC、数模转换器 DAC、指令系统。

学习难点：

1. 学生要理解并掌握串口通信、I/O 驱动、显示器（数码管、LED 灯、12864 等）及其相关指令；

2. 学生要理解并掌握模数转换器 ADC、数模转换器 DAC、指令系统。

教学环节

1. 答疑解惑

【教师活动】根据超星泛雅平台的监控数据,对学生在线学习情况进行点评，对认真学习的学生给予肯定，对不认真学习的学生进行劝诫。

【学生活动】听取教师点评，如有特殊情况，向教师说明。

【教师活动】给学生分组，3 人一组，并任命其中一位为组长。

【学生活动】组队讨论,然后小组长负责将未得到解答的疑问汇报给教师。

【教师活动】收集各组学生未解决的疑问，并针对这些疑问进行集中答疑。

【学生活动】认真听讲，并与教师就疑问进行进一步讨论。

2. 实训任务引入

【教师活动】根据课程的要求和项目的任务进行阐述。具体包括：

第6章 电子技术综合实训课程教学改革

（1）电子技术综合实训完成步骤

①充分利用网络和图书馆，对项目任务进行分析并设计项目方案；

②在 proteus 和 keil 的基础上实现设计方案；

③在单片机最小系统上进行电路搭建；

④完成整体调试、排除故障的工作；

⑤答辩验收实物；

⑥撰写本次设计的相关资料。

（2）电子技术综合实训注意事项如下：

①充分理解单片机 I/O 口、中断系统、定时/计数器、串口通信、模数转换等概念和应用；

②此案例充分结合了社会工程实际应用和课程知识体系，能够增强学生与时俱进的意识和提高动手实践能力；

③通过此教学案例能增加学生对于单片机应用系统的设计和知识的理解；

④增加竞技类题目，结合学科竞赛，提高学生学习兴趣和动力，同时对标全国大学生电子设计竞赛水平，激发学生挑战动力和学习主动性。

（3）基于串行通信的直流电机测控系统的验收考核要求如下：

①明确实训项目的目的和原理，实验方案可行；

②实训过程较熟练，能完成基本操作，能完成分配任务，协助同组成员；

③实训过程整理较规范，能完成实训项目的技术指标要求，能综合实验数据分析规律；

④实训项目完成的过程中基本可保持实验室卫生整洁，遵守课堂纪律；

⑤实训报告内容完整，基本原理正确，能提出自己观点及对应的解决方案；

⑥项目答辩过程中自信，声音洪亮，报告内容熟悉，能正确回答教师提问。

【学生活动】听取教师讲解，如有疑问向教师说明。

【教师活动】发放本次实训所用纸质项目任务书，让学生再次阅读项目任务书中的学习目标，以加深其对本次实训学习的了解。

【学生活动】认真阅读微弱信号测量的学习目标，加深了解通过本次实训需要达到什么样的目标以及学习过后能够干什么。

3. 小组合作开展实训

【教师活动】让学生结成 3 人小组，根据项目任务书的要求开展本次实训任务。

【学生活动】结成 3 人一组，根据项目任务书，一起对本次项目目标任务进行方案设计、方案的模块化分解，并对所需要的材料进行选择，依据自己设计的电路图进行模块电路的搭建、仿真、测试、调试，直至完成。实训操作过程中如有问题，学生可以在组内、组外相互进行研讨。

【教师活动】巡视学生实训任务的完成情况，在必要时给学生提供帮助，并在巡视过程中观察学生实训操作的易错点。

4. 验收实训成果

【学生活动】学生分组合作对项目进行模块化分解，然后实现模块化电路的搭建与仿真，整体电路的搭建与测试，等待教师验收。

【教师活动】验收学生的模块成果，判断是否通过，若没通过，则让学生回去仔细检查；若通过，则让学生进入答辩环节。

【学生活动】根据教师的验收结果，判断所在小组是否可以进入答辩环节。进入答辩环节的小组，准备 PPT 和实物，着重讲解实训的过程中遇到了什么问题，以及如何解决这些问题的。

【教师活动】以组为单位组织答辩，并针对学生的项目进行提问。

【学生活动】厘清项目实现的过程和实物，结合实物讲解 PPT，汇报实训过程，回答教师的提问，最后完成答辩。

5. 多元评价

【教师活动】让小组中的一名成员独立进行电路的搭接，该小组中的另一名成员按照项目的任务要求解读电路技术指标的实现并对搭接电路的过程进行阐述。

【学生活动】小组中一人进行电路的独立搭接，另一人向教师汇报并演示项目作品，小组 3 人轮流进行。

【教师活动】就项目中的关键问题提问并记录，组织学生结合课程评分标准进行自评，下课之前在线上平台提交。

【学生活动】学生认真按照项目任务要求针对本次实训所学进行自评与

互评。

6. 师生总结

【教师活动】与学生一起对本次实训进行总结,并询问各小组成员是否仍有疑问,若有疑问,帮助其解决。

【学生活动】与教师一起对本次实训进行总结,并提出自己仍然怀有的疑问与不懂之处。

【教师活动】在学生的评价表上交后,就巡视与答辩验收两环节中每位学生的学习、回答问题等表现进行师评。

(三)课后学习阶段

学习目标:

1. 能力

学生在实训拓展问题上,能够灵活解答并将解答运用于实际电路的设计,进而在解决已有电路功能不足问题的同时,逐步提升其创新思维能力。

2. 素质

(1)学生通过对实训前后存在的易错点进行系统回顾与反思,有利于其改善失误与操作不规范等行为,能使其逐步形成严谨的工作态度;

(2)学生通过实训报告的撰写,用文字的形式对实训过程进行思考与总结,能逐步强化自身文化知识素养。

学习重点:
对实训前后存在的易错点进行系统回顾与反思。

学习难点:
积极地解决实训中遇到的各种问题,独立且正确地回答实训拓展问题。

学习环节:
实训前后需要学生具备的能力:

1. 直流电机控制技术，单片机 I/O 驱动控制，定时器实现 PWM 信号产生，按键检测应用能力，掌握单片机软、硬件相关知识，具有应用单片机软、硬件资源进行单片机应用系统设计的能力；

2. 串行通信应用能力，驱动数码管，LED 灯或 12864 显示器控制能力，单片机软硬件调试能力；

3. 传感器应用手册阅读能力，单片机计数器应用能力，掌握单片机软、硬件调试方法，具有在完成实际应用系统开发前进行系统仿真，并根据仿真结果修改软、硬件设计的能力；

4. 具有对涉及信号采集、传输、处理、控制等方面的复杂工程问题进行系统设计、解决的能力。

【教师活动】就巡视期间与答辩期间遇到的学生的各种问题进行原理性解释。

【学生活动】在课后自由选择时间，通过超星泛雅在线学习软件按时认真复习。

撰写实训报告

【学生活动】认真撰写，并定期上交。

师生在线研讨

【教师活动】开放在线交流平台，例如 QQ、微信等。

【学生活动】就本次实训前后自己未解决的困惑，或者对本次实训教学的建议与意见，通过在线交流平台与教师进一步研讨。

6.5 电子技术综合实训课程教学改革反思与推广

以学生为中心的项目式电子技术综合实训教学改革是以实际工程项目为核心，让学生在完成项目的过程中学习和掌握电子技术知识和技能的一个过程，是提高电子技术相关专业学生实践能力和创新能力的重要手段。以下是一些建议，以助于推广电子技术综合实训的教学改革。

6.5.1 明确课程教学改革的目标和优势

（1）确定项目化实训在培养学生实践能力、创新能力和团队合作能力等方面的优势；

（2）制定具体的电子技术综合实训的改革目标和预期效果。

6.5.2 制定详细的实施方案

（1）强化实践课程常规环节质量控制，具体包括：

①集体备课。备课过程中，既分享教师的教学经验，又对实验中可能出现的典型问题进行研判和分析，找出避免问题产生或解决问题的办法，可见集体备课有助于青年教师快速成长和业务能力提高。

②预做实验。在实验课之前，任课教师自己要提前做一遍，把握实验全过程，提高实验指导的目的性和针对性。

③同行听课制度。除定期开展期初、期中和期末教学检查之外，还要求同行不定期地开展随堂听课，对听课过程中发现的问题及时与教师进行沟通，借此交流教学经验，实现共同提高。

④学生评教制度。通过学生联络员随时了解学生在学习过程中遇到的问题和对教师的意见和建议，通过召开期中教学信息反馈，教师和学生面对面进行交流，促进教学相长。学生在期末对教师的教学情况进行评价，评价结果直接与教师的评优评先、岗位聘任和职称评定挂钩，有力地促进了教师在实验教学方面的投入和教学质量的提高。

（2）强化实践环节过程管理，具体包括：基础型实验按照1台组/生配备实验仪器和设备；坚持实验过程"三没有"原则，即没有实验预习报告不能做实验，实验结果没有教师签字视为实验未完成，没有实验报告就没有成绩；通过实验室开放和实验提前预约等方式，使学生做实验有充足的时间，避免因时间碎片化而影响实验效果。

（3）鼓励教师进行实验教学研究与改革，具体包括：在教学模式上采取教师指导与学生自主实验相结合，集中实验与开放式教学相结合，倡导和鼓励学生开展自主式、合作式、探究式的学习方式；在教学方法上，采用项目驱动组织教学，体现理论知识的应用性，提高学生学习的目的性和针对性。此外，还根据课程要求、实验室条件和学生的具体情况，组织教师编写了实验教材或讲义，以方便学生学习。实践教学改革需要投入的时间更多、精力更大，因此，教师更愿意进行理论研究。为了保护教师实践教学改革的积极性，学院将教师在实践教学改革中无偿奉献的时间折算成学时，并通过绩效再分配予以奖励；对于教研教改项目立项、教学成果评定，优先推荐实践教学改革项目；对于改革力度大、受益面广的实践教学改革，其相应课程可在特定的时间内申请免评。充分利用教师的科研项目，以科研反哺教学。把科研项目融入实验教学，提高教学内容的实用性、工程性，体现理论知识与工程实际的有机结合。使学生学习的目的性更强，方向性更准。比如，将"基于GPRS无线远传心电图仪"项目中的心电信号调理部分作为该课程的综合性题目，涵盖了信号采集、放大、滤波、整形等模拟电子技术中多个内容，是模拟电子技术的综合应用，较好地将理论与实际应用结合起来。

（4）开放实验室资源，丰富学生课外科技活动，具体包括：利用实验室资源，为学生的课外科技活动提供实验场地和设备支持，并配备实践经验丰富的教师进行指导。通过每年举办电子知识与技能大赛、电子设计竞赛、大学生"挑战杯"等系列赛事，学生可以展示才华，提高能力。3年来，学生在各项科技赛事中获得多项国家级、省级奖励。

（5）建立多元化的实践考核办法，具体包括：本课程设计采用"目标+环节+报告+答辩"的考核方式，内容包括文献检索、方案设计、设计过程、设计结果、设计报告及答辩过程。比如，首先给学生下发课程设计的任务书，明确设计任务和目标；学生再通过查阅相关文献资料确定设计方案，之后通过中期答辩对学生的准备情况进行检查。其次学生在经过安装、调试完成设计任务后，在验收环节还要对每个学生进行提问，以掌握他们在设计过程的实际参与程度，并将其作为课程考核的重要参考。最后，要求撰写课程设计报告，并根据课程报告和设计过程中的表现给出考核成绩。

6.5.3 师资培训

（1）组织教师参加项目化教学研讨会和培训班，提升教师的项目管理和实践指导能力；

（2）引入企业工程师参与教学，强化师资队伍的实战经验。

6.5.4 建立校企合作机制

（1）与企业合作开发实训项目，确保项目内容与行业需求同步；

（2）建立企业导师制度，让学生在企业环境中完成项目实训。

6.5.5 成果展示、交流与推广

（1）组织项目成果展示会，让学生展示项目成果，增强学生的成就感和自信心；

（2）举办教学改革论坛，邀请其他院校参与，交流项目化实训的经验；

（3）根据学生反馈、教师评价和企业意见，持续优化项目内容和方法；

（4）举办相关教学改革活动，邀请其他院校参加。

第 7 章 数字化背景下高校课程教学转型探索

互联网的普及对现代各类教育的教学理念、教学模式、教学方法和发展方向等都产生了一定的影响。传统的高等教育人才培养模式已经很难满足当今数字化时代对人才培养的要求，数字化转型已然成为现代高等教育高质量发展的必然选择。为了深入贯彻人才强国战略的理念，当前我国高等教育已经启动了数字化发展和转型之路。本研究积极探索高等教育教学数字化转型的路径，旨在推动高校教师充分利用数字化技术服务教学，促进数字化资源、数字化技术与课程教学的深度融合，推动高校教学方法的创新，从而进一步提升高等教育的教学质量。

在当今的数智化时代，移动互联网、大数据、5G、云计算、人工智能、虚拟现实等数字技术正在一步步进入人们的生活，同时也在改变教师的教学方式，学生的学习方式、思维方式、获取信息的方式等。高等教育应充分利用数字技术赋能教师的教学，提升数字素养，发挥数字技术在学校教育方面的潜力。数字化转型已然成为高等教育教学改革的必然选择和趋势。

7.1 高等教育教学数字化转型的实践路径探索

现阶段，关于高等教育数字化的研究和实践在国内和国外均处于起步阶段。高等教育教学数字化转型是一个庞大工程，涉及的主体因素较多，需要高校的利益相关方协同努力才可能系统推进。

7.1.1 基础设施的数字化

数字基础设施是高校进行数字化转型的重要的基础保障。2021年,《关于推进教育新型基础设施建设 构建高质量教育支撑体系的指导意见》明确提出,要加快推进教育新基建,以教育新基建推动教育数字转型,支撑教育高质量发展,并为其后续战略发展夯实基础。

高校应优先建设或升级校园公共区域的网络设施,例如教学楼、图书馆等,确保这些区域拥有网络访问的基础设施。

高校可以建设虚拟仿真实验室和智慧学习中心。学生可以在虚拟仿真实验室和智慧学习中心进行实验操作、数据收集、分析和验证,从而提升科学素养和问题解决能力。

7.1.2 教学资源的数字化

教学资源的数字化也是高校教育教学数字化转型的基础之一。这里的教学资源包括线上学习平台和课程数字资源。

高校仍需重视在线学习平台的建设。在线学习平台集成了各类优质的数字化教育资源,并且通过学习分析系统、知识图谱、AI助教和自动答疑系统等辅助教学工具,能够记录学生的学习过程,更利于教师的教学。

课程数字资源包括课程相关各种媒介形式的学习、教学和研究资料等,具体可以包括数字化教材、课程视频、相关图片等。

7.1.3 教师教学的数字化

教师应当关注学生的兴趣和发展需求,将数字资源整合到教学设计和教学组织中,提升教师的数字化教学能力。例如,教师可以利用数字资源如动图、表情包、漫画和视频等数字化资源呈现课程知识,使学生更直观地理解和掌握知识,从而提高教学质量。另外,数字化也在推动高等教育教学方式的转型。高校教育教学可以选择网络在线课堂开展远程专家授课或远程企业实景课堂,并在数字化技术的支持下实施实时线上互动。混合式教学模式也是数字化技术与高等教育的一种融合方式。

7.1.4 教学评价数字化

教学评价与管理作为高校日常运作的重要组成部分，其数字化进程对于提升教学质量和管理效率具有重要意义。数字技术在高校教学评价与管理中的应用使教学管理服务变得更加智能、精确和高效。

7.1.5 数字化背景下几个相关理念

（一）人工智能

随着新科技的出现，人工智能已经影响了人类生活的各个方面。进入21世纪后，我们先后迎来了翻转课堂、慕课、微课等在线教学现代信息化技术手段，它们的出现，为教学提供了一种全新的授课方式。人工智能与教育领域的融合促进了现代的各类教育改革。各类以人工智能技术为支撑的教学软件也相应而生，随着新技术与教学的不断融合，"人工智能+教育"已经成为当前教育教学改革的集中点，这也是现代教育的一个必然趋势。

党的二十大报告中提出，要推进教育数字化，建设教育强国、科技强国、人才强国。习近平总书记在中共中央政治局第五次集体学习时强调，教育数字化是我国开辟教育发展新赛道和塑造教育发展新优势的重要突破口。为适应教育信息化发展的趋势，我国大力倡导智慧教学，致力于打造学为中心、能力为先、教学创新以及个性化学习的智慧教学新理念，教育数字化转型已经成为世界各国在教育改革浪潮中的首选举措。我国各层次和各类型学校积极进行了智慧教学的探索。近年来，国内高校纷纷投入建设智慧校园，旨在通过优化数字教学环境促进教育数字化转型。高校教师作为高等教育活动的主体，在数字化转型时期面临着新的发展需求与现实挑战。

当前，新时代必须选择构建网络化、数字化、智能化、个性化、终身化的教育体系来实现全方位的教育，通过选择重要教育战略推进我国智慧教育以及智慧教学的发展和重构，早日达成我国教育现代化的目标，以此加快我国教育现代化步伐，推进我国早日达到教育现代化的高水平和高标准。

（二）知识图谱

知识图谱以图形化的知识呈现方式、整合多源数据等优势被逐步应用于教育领域。可以说，教育数字化是教育发展的未来愿景，而知识图谱的应用则是教育数字化转型的得力助手。将知识图谱融入高等教育中应具备以下几个特点：通过拆解教学内容进行知识点系统梳理；构建相互关联的学习单元；形成课程、学科、专业知识图谱；将知识图谱与教学深度结合，优化知识表达、让知识"看得见、看得清"。

7.2 数字化背景下电类课程建设的探索

北华航天工业学院的电路分析基础课程在超星泛雅平台数字化背景下进行了基于知识图谱和人工智能技术的课程建设的探索，并利用一些知识图谱为教学服务。以下是具体建构过程：

（一）确定建构逻辑

为了将知识图谱高效应用于课程的数字化资源建设中，首先就要梳理建构逻辑。一是根据课程章节内容创建相应的知识单元，并将知识单元进行精细划分，列出章节所包含的每一个知识点，不同专业可相应取舍；二是以知识点为"实体"进行识别抽取，如课程中涉及的概念、术语及需要掌握的技能要点等；三是针对知识点进行属性编辑，利用记忆、理解、应用、分析等维度对知识点进行分类；四是对每个不同的知识点实体设置前置、后置、关联等关系；五是建设课题的思政案例、教学视频、动画、题库、技能实操微课等资源；六是链接各种资源等形成可视化课程图谱，满足个性化教与学需求。

电路分析基础课程依据专业人才培养方案，明确电路分析基础课程与先导课程、后续课程的关系，结合课程标准，梳理了课程的素质目标、能力目标、知识目标，拆解、细化与课程相关的知识点、技能点和思政点，建设了绑定难度系数的课程习题库，将其链接到课程图谱中，进行属性编辑、关系设置，形成网状结构的课程知识图谱，为后续教学奠定基础。在教学的过程中，教师通过推送知识图谱中的相关知识点，利用知识图谱的相关技术可以采集、追踪学生的学习数据，如通过作业、测验或讨论等活动数据分析学生对各个知识点的掌握情况，并结合课程相关链接的难易程度动态预测学生掌握程度的变化，提前制定好对应的教学策略。学生也可以利用知识图谱更加清晰地认识自身学习变化情况，形成自适应学习方式，规划个性化学习路径。

电路分析基础课程基于知识图谱的数字化资源建设与应用尚处于起步阶段，今后还需要围绕思政、案例、虚拟仿真等维度持续完善课程图谱，持续建设"颗粒度"精细的课程资源，梳理本课程与其他专业课的相互关系。

参考文献

[1] 陈浩然."以学生为中心"的应用型本科高校课堂教学改革研究[D]. 合肥：安徽大学，2023.

[2] 王昕. 应用型本科会计人才培养模式转型研究[D]. 上海：华东师范大学，2022.

[3] 顾明远. 教育大辞典：增订合编本[M]. 上海：上海教育出版社，1991.

[4] 汪海燕. 任务驱动在安防专业《单片机应用技术》课程改革中的应用探索[J]. 管理观察，2010（5）.

[5] 聂世超. 项目教学法在中职课程中的应用研究——以济南中等职业学校为例[D]. 济南：山东师范大学，2021.

[6] 黄琦. 在中职动画课程教学中实施项目教学法的分析[J]. 现代职业教育.2020(38)：94-95.

[7] 倪珍珍. 项目教学法在中职《互联网金融》课程的应用[D]. 广州：广东技术师范大学，2021.

[8] 李峰，张晶棋，刘文娟. 基于OBE的毕业要求和培养目标持续改进[J]. 教育教学论坛，2022(27)：25-28.

[9] 蔡铁权. 物理教学丛论[M]. 北京：科学出版社，2005.

[10] 朱志莲. 项目教学法在中职机电一体化专业教学中的探索与实践——以《单片机应用技术》为例[D]. 苏州：苏州大学，2020.

[11] 徐峰，韩桂玲. 对分课堂教学模式在高职数学教学中的实践分析[J]. 学周刊，2023(15)：39-41.

[12] 姚佳运. 新一代 AI 在高中物理教学中的应用[D]. 哈尔滨：哈尔滨师范大学，2023.

[13] 祝智庭，林梓柔，魏非，等. 教师发展数字化转型：平台化、生态化、实践化[J]. 中国电化教育，2023(1)：8-15.

[14] 习近平在中共中央政治局第五次集体学习时强调 加快建设教育强国 为中华民族伟大复兴提供有力支撑[N]. 人民日报，2023-5-30(1).

[15] 冯婷婷，刘德建，黄璐璐，等. 数字教育：应用、共享、创新——2024 世界数字教育大会综述[J]. 中国电化教育，2024(3)：20-36.

[16] 赵宝莹，李传锋，朱烨行. 智慧教学新生态赋能高校教师数字化转型发展的研究[J]. 中国高校科技，2024(9)：93-96.